建筑业智能建造
10 项新技术

重庆市建筑业协会　重庆建工集团股份有限公司　组织编写

于海祥　主　编

中国建筑工业出版社

图书在版编目（CIP）数据

建筑业智能建造 10 项新技术 / 重庆市建筑业协会，
重庆建工集团股份有限公司组织编写；于海祥主编 . —
北京：中国建筑工业出版社，2023.10
ISBN 978-7-112-29096-3

Ⅰ.①建… Ⅱ.①重… ②重… ③于… Ⅲ.①智能技
术 – 应用 – 建筑业 Ⅳ.①TU-39

中国国家版本馆 CIP 数据核字（2023）第 167181 号

责任编辑：毕凤鸣
责任校对：王　烨

建筑业智能建造10项新技术

重庆市建筑业协会　重庆建工集团股份有限公司　组织编写
于海祥　主编

*

中国建筑工业出版社出版、发行（北京海淀三里河路9号）
各地新华书店、建筑书店经销
华之逸品书装设计制版
天津画中画印刷有限公司印刷

*

开本：787毫米×1092毫米　1/16　印张：17　字数：299千字
2023年11月第一版　　2023年11月第一次印刷
定价：**80.00**元
ISBN 978-7-112-29096-3
（41719）

编委会

主编：于海祥

编写单位及人员：

重庆市建筑业协会：	魏福生　梁汉之　饶　毅　陈易梅
重庆建工集团股份有限公司：	于海祥　李春涛　赵　屾　张梓秋
	龚文璞　李晓倩　向孜凯　黄　雷
	王皓月　王钰龙
中建铁投建设发展有限公司：	邢振华　王金铜
中建八局第二建设有限公司：	李　宁　冯兴征
中国建筑第二工程局有限公司：	朱俊成　严　东
重庆建工住宅建设有限公司：	张　意　余　杰
重庆建工第三建设有限责任公司：	刘　敏　欧阳骏弛
中建三局集团有限公司：	赵云鹏　徐文龙
中国建筑第八工程局有限公司：	谭建国　羊　波
重庆市设计院有限公司：	冉一辛　刘四明　杨晓林
重庆市建筑科学研究院有限公司：	张　超　张京街
广联达数字科技（重庆）有限公司：	王　鹏　闫玉龙
智辰云科（重庆）科技有限公司：	唐新艺　汪　媛
渝建实业集团股份有限公司：	江世永　陈　杰

建筑业是国民经济的基础性支柱产业之一，为促进经济增长、缓解社会就业压力、推进新型城镇化建设、保障和改善人民生活、决胜全面建成小康社会作出了重要贡献。随着我国城市发展从"量"的扩张转向"质"的提升，依然存在发展方式粗放、劳动生产率低、高耗能高排放、信息化程度不足等问题，与人民群众日益增长的美好生活需求相比仍有一定差距。

党的二十大提出"加快建设数字中国""加快发展数字经济，促进数字经济和实体经济深度融合"。住房和城乡建设部《"十四五"建筑业发展规划》提出"建筑工业化、数字化、智能化水平大幅提升"是重要的发展目标之一。"加快智能建造与新型建筑工业化协同发展"包含数字设计、智能生产、智能施工、BIM（Building Information Modeling，全称建筑信息模型，简称BIM）技术在工程全寿期的集成应用、数字化协同、建筑产业互联网平台、建筑机器人等，成为"十四五"期间的主要任务之一。

立足于新发展阶段，以大数据、云计算、物联网、人工智能、区块链技术为代表的新兴技术革命和产业变革逐步深入各个领域。建筑业作为我国超大规模市场的重要组成部分，构建新发展格局的重要阵地，在与先进制造业、新一代信息技术深度融合发展方面有着巨大的潜力和发展空间，行业高质量发展需要切实推进建筑产业现代化、信息化、数字化。

为加快建筑业转型升级，发挥行业示范引领作用，重庆市建筑业协会与重庆建工集团股份有限公司组织编写《建筑业智能建造10项新技术》，作为对住房和城乡建设部《建筑业10项新技术（2017版）》中信息化技术章节的深化和补充，聚焦建筑业信息化领域，紧扣国家战略与技术发展导向，深入挖掘前沿信息技术应用，旨在为行业信息化、数字化转型升级提供价值性的引导。《建筑业智能建造10项新技术》包括10大类45项建设行业信息化技术应用，从项目全生命周期、新兴前沿技术的视角，适时总结提炼了建筑业智能建造领域最具代表性、推广价值的共性技术和关键技术，明确了各项信息化技术的技术内容、技术指标、适用范围，并通过列举工程案例阐述其应用落脚点和应用效果，具有先进性、适用性、成熟性与可推广的特点，代表了现阶段建筑业智能建造的最新成就与应用示范。通过此书，既能了解建筑业信息化现状和未来发展趋势，又能认识到开展建筑业信息化推广的重大意义和价值所在，能够为建筑业智能建造实践提供切实可行的参考和借鉴，进而推动建筑业高质量发展。

目录

第 1 章

规划设计
BIM 技术

1.1 规划和概念方案设计 BIM 技术

规划和概念方案设计 BIM 技术是指基于 BIM 技术的高度可视化、协同性和参数化的特性，建筑师在规划和概念方案设计阶段可实现在设计思维上快速精确表达的同时，实现与各领域工程师无障碍信息交流与传递。在业主需求或设计思路改变时，基于参数化操作可快速实现设计成果的更改，从而加快设计进度。

规划设计指建筑布局的确定，是前期分析与业主沟通的结果，也是设计师与设计团队的经验表达。在项目定位的基础上，对其进行较具体的规划及总体上的设计，使其功能、风格符合项目定位。包含：建筑环境艺术对规划问题的技术性解决、功能系统的合理调整、建筑形态与景观环境的塑造、人居环境的可持续发展等方面内容。

概念方案设计是利用设计概念并以其为主线贯穿全部设计过程的设计方法。它是完整而全面的设计过程，通过设计概念将设计者繁复的感性和瞬间思维上升到统一的理性思维从而完成整个设计。概念设计阶段是整个设计阶段的开始，它决定着设计成果是否合理、是否满足业主要求，也对整个项目后续阶段能否落地起着关键性作用。

在规划和概念方案设计中引入 BIM 技术，可以对既有控制条件（例如道路、桥隧、地下管线、永久性建筑等）作信息化处理，并在控制条件信息完整的基础上进行多部门、多专业的综合设计工作，对不同方案进行环境分析、概念体块分析、造价分析、结构分析、新材料的使用分析及其他一些建筑设计技术层面的分析应用。

1.1.1 技术内容

1. 空间设计

空间形式及研究的初步阶段是设计概念运用中首要考虑的部分。

1）空间造型

空间造型设计即对建筑进行空间流线的概念化设计，例如某设计是以创造海洋或海底世界的感觉为概念则其空间流线将应多采用曲线、弧线、波浪线的形式为主。当对形体结构复杂的建筑进行空间造型设计时，利用BIM技术的参数化设计可实现空间形体的基于变量的形体生成和调整，从而避免传统概念设计中的工作重复、设计表达不直观等问题。

2）空间功能

空间功能设计即对各个空间组成部分的功能合理性进行分析设计，传统方式中可采用列表分析、图例比较的方法对空间进行分析，思考各空间的相互关系、人流量的大小、空间地位的主次、私密性的比较、相对空间的动静研究等。基于BIM技术可对建筑空间外部和内部进行仿真模拟，在符合建筑设计功能性规范要求的基础上，高度可视化模型可帮助建筑设计师更好地分析其空间功能是否合理，从而实现进一步地改进、完善。这样有利于在平面布置上更有效、合理地运用现有空间，使空间的实用性得到充分发挥。

2.场地规划

场地规划是指为了达到某种需求，人们对土地进行长时间的刻意的人工改造与利用。这其实是对所有和谐的适应关系的一种图示，即分区与建筑，分区与分区，所有这些土地利用都与场地地形适应。

1）场地分析

场地分析是对建筑物的定位，建筑物的空间方位及外观，建筑物和周边环境的关系，建筑物将来的车流、物流、人流等各方面的因素进行集成数据分析的综合。场地设计需要解决的问题主要有建筑及周边的竖向设计确定、主出入口和次出入口的位置选择、考虑景观和市政需要配合的各种条件。在方案策划阶段，景观策划、环境现状、施工配套及建成后交通流量等方面，与场地的地貌、植被、气候条件等因素关系较大。

2）总体规划

通过BIM建立模型能够更好对项目作出总体规划，并得出大量的直观数据作为方案决策的支撑。例如在可行性研究阶段，管理者需要确定建设项目方案在满足类型、质量、功能等要求下是否具有技术与经济可行性，而BIM能够帮助提高技术经济可行性论证结果的准确性和可靠性。通过对项目与周边环境的关系、朝向可视度、形体、色彩、经济指标等进行分析对比，化解功能与投资之间的矛盾，使策划方案更加合理，为下一步的方案与设计提供可视化数据。

3.方案比选

规划和概念方案设计阶段应用BIM技术进行设计方案比选的主要目的是选出最佳的设计方案，为初步设计阶段提供对应的设计方案模型。基于BIM技术的规划和概念方案设计是利用BIM软件，通过制作或局部调整方式，形成多个备选的方案模型，进行比选，使建筑项目方案的沟通、讨论、决策在可视化的三维场景下进行，实现项目设计方案决策的可视化与科学化。

1.1.2 技术指标

1.信息模型

1）模型精度。参照现行国家标准《建筑信息模型设计交付标准》GB/T 51301—2018，模型精细度等级不宜低于LOD1.0。

2）设计模型。项目设计包括项目新建、改建的各类建筑模型，构筑模型、地形模型、地质模型、地貌模型、地物模型、交通道路模型、景观植被模型，城市家具模型、各类管道线路模型等。

2.成果导出

BIM技术在规划和概念方案模型设计阶段的主要成果包括下述几方面的内容：

1）建筑日照的分析。通过模拟建筑环境，对建筑各个不同角度下的自然光照情况进行评估分析，并将其编制成相关数据并保存。

2）建筑室外风环境分析。借助CFD（Computational Fluid Dynamics，计算流体动力学，简称CFD）软件模拟分析场地风环境相关评价参数，具体参数包括风速、风速放大系数、风速矢量、风压。根据场地分析结果，评估场地风环境的合理性，判断是否需要调整设计方案的总平面布局。

3）室外环境噪声分析。根据实际需求对BIM模型进行简化后将模型导入噪声模拟分析软件，在软件内完成各类设定，包括声源、边界、计算网格等，相关计算要求可参考《民用建筑绿色性能计算标准》JGJ/T 449—2018。

4）规划主管部门要求或项目相关方之间约定进行的基于建筑信息模型条件下的各项建筑外观、性能、功能、经济技术指标等技术分析。

5）其他分析。对于建筑施工环境、造价、施工技术等方面的内容均可应用BIM技术进行分析，以此验证合理性和有效性，找出其中存在的改进空间，使整体建筑设计方案更加合理、科学。

6）图纸图表。基于技术分析输出的各类图纸、图表、报告、文档等信息数据资料。

1.1.3 适用范围

适用于各类工业建筑、民用建筑的规划及概念方案设计阶段。

1.1.4 工程案例

重庆铁路口岸公共物流仓储工程总承包（EPC）项目、北京新机场道桥及管网工程002标段、海尚明珠办公楼改造、上海中心大厦、国家会展中心、广州周大福金融中心（东塔）等多项工程中应用BIM技术进行规划和概念方案设计。下面以重庆铁路口岸公共物流仓储工程总承包（EPC）项目、北京大兴国际机场道桥及管网工程002标段为例简要介绍BIM技术在规划和概念方案设计中的应用情况。

1.重庆铁路口岸公共物流仓储工程总承包（EPC）项目

1）项目概况

重庆铁路口岸公共物流仓储工程总承包（EPC）项目位于重庆市沙坪坝区西永组团I标准分区，为国家"一带一路倡议"节点，渝新欧国际贸易大通道起点，内陆地区铁路枢纽口岸，西南地区保税物流分拨中心。项目是EPC（Engineering Procurement Construction，设计采购施工又称工程总承包）项目，总建筑面积约22万 m^2。项目区域规划有仓储区、展示区、综合服务区、堆货卸货区四个功能区（图1.1.4-1）。

2）应用情况

（1）项目通过BIM技术综合应用，充分考虑拟建项目的选址、方位、外形、结构形式、耗能与可持续发展等因素，进行多方案模拟与分析，使做出的分析决策快速反馈，大大降低了修改设计以满足低能耗需求的可能性，同时方案阶段利用BIM模型快速计算出工程量与概算成本进行对比，保证了决策的准确性与可行性，为项目后续推进提供了有力保障（图1.1.4-2）。

图1.1.4-1 方案比选展示

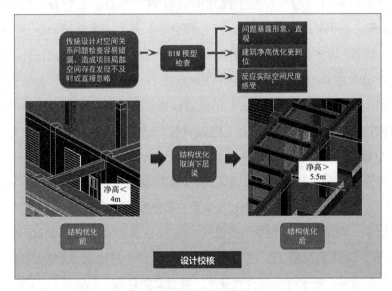

图1.1.4-2 设计校核展示

（2）利用BIM模型的可视化、参数化、关联化等特性，各专业在设计阶段进行专业协同、空间协调，消除碰撞冲突，大大缩短了设计周期，减少了设计错误与漏洞，同时提高了出图的质量。通过BIM技术运用，为工程主体结构建模，将各专业模型进行合模，有效地修正模型，解决施工矛盾、消除隐患，避免了返工、修整（图1.1.4-3）。

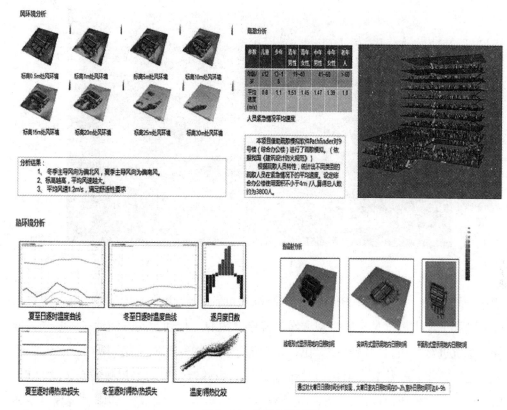

图 1.1.4-3　性能分析展示

2.北京大兴国际机场道桥及管网工程002标段

1）项目概况

北京大兴国际机场道桥及管网工程002标段位于永定河北岸，北京市大兴区榆垡镇、礼贤镇和河北省廊坊市广阳区之间，属于市政公用工程，总造价4.25亿元，施工范围包括道路、桥梁、交通、给水、排水、再生水、综合管廊、电气、通信、热力、燃气（含近端地面停车场、10kV开闭站）等全部工程，也包括全部工程的施工、采购、安装、调试、检验、检测、试验、试运行、验收、通气、通水、通电及整体工程的交付使用（图1.1.4-4）。

2）应用情况

（1）由于项目特殊性、复杂性，在项目施工之初，建立了完整的项目BIM实施方案，包含前期的地理测绘、工程地质、规划模型标准，项目模型的建模标准，项目族库建模标准，项目模型标准名称，项目模型颜色显示标准及BIM在项目上的

图1.1.4-4 项目展示

整体策划方案。通过使用BIM技术，模拟基坑开挖全过程、土方的堆置、防护栏杆的摆放，输出可预见性的模拟方案，确保方案的可行性。同时使用三维激光扫描仪对基坑进行扫描，同模型作对比，杜绝超挖、少挖等现象发生（图1.1.4-5）。

（2）项目设计方案采用BIM技术建立标准构件库，提升了设计单位、构件厂、施工单位的可视化协同能力。实现了将生产工艺集中在工业流水线上，现场以安装

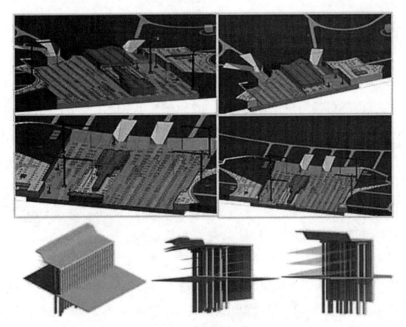

图1.1.4-5 基坑模型展示

构件为主的住宅产业化目标，避免了建筑材料浪费、减少人力劳动、加大机械生产、提高生产效率、降低建造成本。通过项目的研究实现设计阶段对施工阶段劳动力的综合分析，在引用BIM技术对CSI（China Skeleton Infill）住宅产业化虚拟三维模拟建造的过程中引入劳动力、物资和场地的概念，从而提高设计对施工的指导。减少劳务选择风险以及因设计不合理而造成的施工进度滞后等问题，有效控制并缩短工期（图1.1.4-6）。

图1.1.4-6　BIM方案设计展示

1.2　BIM正向设计技术

　　BIM正向设计的概念是相对于逆向提出的。由于目前BIM在设计阶段完成模型搭建工作的一般做法是根据已有的二维施工图纸进行翻模，并且设计阶段最核心的内容，包括各专业指标计算、性能计算、创意、推演、合规等内容，均在尚未借助BIM技术的情况下就已经完成。因此，BIM充当的角色更多的是辅助设计和校核图纸，这样的模式被称为"逆向设计"，与之相反便是正向设计。在正向设计过程中，BIM模型创建的依据是设计者的设计意图而非成品或半成品的图纸。从设计初期开始，设计者就以三维设计软件为主要设计手段，在模型中创建包含项目相关信息的构件，在后续方案的对接、展示、成果交付等阶段均以BIM模型为主要载体，不断丰富和优化BIM模型。准确地说，从规划、方案设计、初步设计，一直到施工图设计、深化设计、施工技术交底等阶段，都采用BIM进行设计的过程称之为BIM正向设计。

用三维的思维做设计，是正向BIM协同设计最大的隐性收益。在传统的二维设计和逆向BIM设计中，设计的演化和推敲是在二维图形上实现和完成的，设计师局限于二维设计思维，二维转化三维在脑海中完成，设计人员和读图人员为了表达设计和理解设计，都要反复经历转换的过程。三维的思维做设计优于二维的思维，不再将设计局限在二维的图形表达中，而是在三维空间中反复推敲，所见即所得，不需要思维转换，在设计人和审图人之间的传递也是充分而全面的。由于设计过程是设计人员在三维空间中完成的，因此有效解决了错、漏、碰撞等问题，将施工中的问题有效在设计阶段解决，将实施风险前移并消除，能提升建设效率。

可出图是BIM正向设计的重要优势。BIM正向设计出图涵盖建筑、结构、设备等专业。所出图纸除了最常见的平面、立面、剖面，还有各类轴测图、透视图、爆炸视图和零件视图。BIM正向设计构建了建筑的各种构件，因此可以实现设计完成即出清单量表，同时保证准确度更高。

此外，基于模数化设计和标准部品、部件库的BIM正向设计是实现设计数据在设计、施工、验收、运维全过程有效传递，实现"一模到底"和数字交付目标的重要突破口。

进入"十四五"时期，建筑业提出"数字建造"的转型目标，同时开始启动城市信息模型（City Information Modeling，简称CIM）的研究和示范应用工作，在此背景下，BIM正向设计的必要性与迫切性就凸显出来。

1.2.1 技术内容

1.设计前期阶段

在项目投资决策阶段，应用BIM正向设计技术可以更加合理地确定项目方案，有利于建设单位更好地作出正确选择，对项目设计的总体发展方向起着决定作用。该阶段的BIM应用重点是对三维场地模型的创建与信息表达，通过对建筑物的建造场地以及周围的环境情况进行3D展现，快速形成不同方案的模型，自动计算不同方案的建造成本、施工周期等指标数据。

2.初步设计阶段

该阶段的BIM应用重点是形体细节设计优化以及建筑布局。该阶段的主要内容是在不同专业的协调配合下,对项目的方案设计进行进一步的深化,对方案布局、空间尺度等进行细化,从而为下一阶段的顺利进行奠定基础。

3.施工图设计阶段

该阶段属于设计流程的最后一个环节,也是最重要的一个环节。通过BIM这个载体,对现有构筑物进行信息化处理,将设计信息以数字化、数据库的形式传递,并在此基础上进行建筑、结构、设备等各专业的协同设计。基于BIM及其设计库,可以更加直观地展现项目材料供应、施工工艺、所需设备等,同时其可视化的特性也为碰撞检查、邻近建筑的距离判断提供了极大的便利。

4.工程招标阶段

通过对设计单位提供的BIM三维模型进行分析,造价咨询单位和设计单位可以很快地得出整个项目的大致预算以及工程量清单,从而大大减少漏项和错算等情况的发生,同时也可以避免因工程量问题而引发的纠纷。招标单位也可以通过对比基于BIM得到的工程量和招标文件工程量清单,在投标时制定出更好的方案。

1.2.2 技术指标

1.信息模型标准

BIM模型应符合《建筑信息模型应用统一标准》GB/T 51212—2016、《建筑工程设计信息模型制图标准》JGJ/T 448—2018、《建筑信息模型分类和编码标准》GB/T 51269—2017、《建筑信息模型设计交付标准》GB/T 51301—2018等现行国家、行业标准要求。

2.BIM制图与成果导出

BIM正向设计的概念已包含了基于模型形成设计文档的要求,因此是否基于BIM模型出图是判断是否正向的一个关键依据。以Revit(Autodesk公司一套系列软件的名称)为例,与BIM制图相关的技术体系包括:对象样式、线宽设定、各种视图的构件开关设定、线型设定、各种构件的二维表达设定等。这些设定中的一部分可以保存为预设的视图样板,进而保存为设计模板文件。

3.BIM多专业协同与互提资料

"信息唯一性原则"是BIM正向设计需遵循的一个基本原则，各专业之间的信息耦合要求非常高。文件存放的唯一路径、文件名的唯一性等需要从管理层面加以落实，接收专业每次只需更新链接文件，即可通过视图的设置显示提资流程（图1.2.2-1），从而确保提资信息全部传达到位。

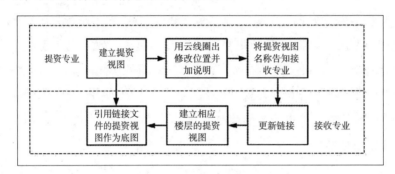

图1.2.2-1 Revit提资流程

4.BIM设计校审

通过制作专门的校审符号构件，可以实现不同形状表示不同的状态，放置校审意见时显示为三角形，当设计人员修改或回应后，更改符号状态，即变为圆形，这样可以非常直观地显示校审意见是否已经落实修改，避免遗漏。同时也可以通过明细表功能，对校审意见进行列表汇总，还可以非常方便地追溯校审位置。

5.BIM设计成果交付

BIM正向设计的交付成果比CAD设计流程要丰富得多，除了传统意义上的图纸，还包括整合了各专业的BIM模型，以及从BIM模型衍生出的一系列成果，如漫游动画、全景图、VR（Virtual Reality，虚拟现实，简称VR）/AR（Augmented Reality，增强现实，简称AR）场景、各种统计表，各种可视化分析等，设计BIM模型本身也可以延续到施工阶段继续应用，从而创造更多的附加价值。

6.BIM正向设计项目管理

BIM正向设计要求各个专业之间的配合更加紧密，对各种流程及操作的标准化、规范化要求更高，因此如果项目确定采用BIM正向设计的方式进行，在项目开始之前应先进行BIM设计的总体策划，主要应包括以下内容：

1）项目基本信息、各专业人员、BIM负责人（主要负责BIM模型质量控制）。

2）局域网工作目录。

3）BIM协同方式、工作集划分。

4）BIM模型拆分架构。

5）BIM出图范围。

6）初始文件、基准文件。

1.2.3 适用范围

适用于各类工业建筑、民用建筑的规划、方案设计、扩初设计、施工图设计、深化设计、施工技术交底等。

1.2.4 工程案例

金科棠悦府一期项目、风车创新售房部项目、重庆广阳岛等多项工程中应用BIM正向设计技术。下面以金科棠悦府一期项目、风车创新售房部项目为例简要介绍BIM技术在正向设计中的应用情况。

1.金科棠悦府一期项目

1）项目概况

工程位于荣昌区，分为三期，分期间规划有一条市政支路穿过，地块内主要为现状农田用地，其中三期内含有拆迁区域，现状地势起伏不平，现状最大高程335.45m，最低高程322m，最大高差13.45m。项目由10栋一类高层住宅、25栋多层住宅、5栋商业、1栋幼儿园及地下车库组成。地块建设用地面积128219.93m^2，总建筑面积481947.58m^2，其中地上建筑361664.64m^2，地下建筑120282.94m^2。总计容面积354017.00m^2，整体容积率2.76（含装配式建筑计容面积奖励1414.94m^2），绿地率31.00%，建筑密度25.50%，总户数3380户，停车位3811个（地上23个，地下3788个）。

其中04号、05号楼栋为装配式建筑，结构形式为剪力墙结构，采用装配式建筑的面积为47164m^2。两栋楼的装配率均在50%以上，施工图设计阶段采用BIM正向设计技术实施，并顺利通过施工图审查交付施工。

2）应用情况

（1）装配式建筑BIM正向设计。工程预制构件采用了ALC（Autoclaved

Lightweight Concrete，蒸压轻质混凝土）条板、叠合楼板、预制楼梯，根据方案设计图纸建立BIM模型并开展协同配合（图1.2.4-1～图1.2.4-3），并在综合模型中集中解决如下技术问题：ALC条板的拆分和排版设计、叠合楼板的拆分设计并出具深化设计图纸、预制楼梯的拆分及深化设计图纸等，深化设计图纸及BOM（Bill of Material，简称BOM）物料清单移交构件厂进行预制构件的下料生产。

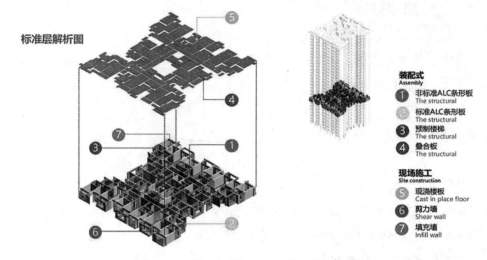

图1.2.4-1　装配式建筑BIM正向设计模型展示

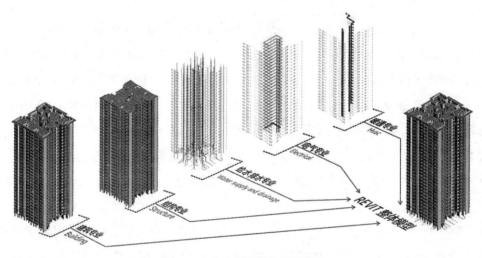

图1.2.4-2　BIM正向设计模型展示

（2）施工图设计阶段的BIM正向设计。创建符合企业标准的全专业正向设计样板文件，以及满足二维送审出图要求的族文件，经过反复调试，族文件在平面、立

图1.2.4-3　BIM正向设计基于模型出图展示

面、剖面及详图的出图视口中均能满足二维送审的要求，全专业基于模型开展施工图深化配合设计，并基于模型出具送审二维图纸。

2.风车创新售房部项目

1）项目概况

工程位于贵州省遵义市，建筑面积约200m²，整个售房部及示范区的设计采用BIM正向设计技术实施，设计充分考虑售房部完成使命后，改造为商业使用的预留条件，实施的专业包含建筑、结构、给水排水、电气、暖通、精装、节能以及钢结构，专业覆盖齐全，外装造型复杂，设计周期短。

2）应用情况

（1）基于BIM正向设计的全专业深入配合。基于方案设计成果，创建各专业BIM模型（图1.2.4-4），在链接的综合模型的基础上展开施工图设计配合，重点解决了外装部分参数化建模并精确定位的问题、结构梁上翻保证室内净高的问题、上翻梁排水的问题、管线综合问题、精装预留问题、钢结构夹层设计预留问题等。

（2）BIM正向设计出图。BIM正向设计出具二维施工图一直是该技术的一个重难点，特别是机电专业，通过制作能满足正向设计出图要求的样板文件和族文件解决上述技术问题（图1.2.4-5、图1.2.4-6）。

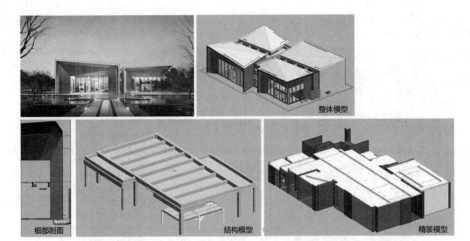

图1.2.4-4　BIM正向设计模型展示

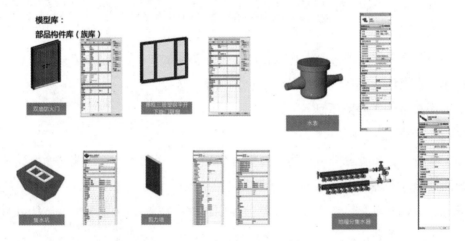

图1.2.4-5　BIM正向设计族文件展示

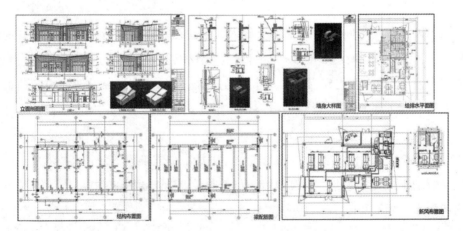

图1.2.4-6　BIM正向设计出图展示

1.3 场地设计BIM技术

场地设计BIM技术是指进行场地规划设计和建筑设计时，利用场地BIM模型及相关模拟技术对不同场地设计方案开展技术经济比选，可将成果作为综合判断不同场地设计方案优劣的依据。以往在对复杂场地进行分析时，设计者仅凭自己的经验或传统设计软件，难以对各种因素进行科学量化，而引入BIM技术后可以通过对原始地形图建模，并进行三维观察排除"粗差点"保证精度。而且还可快速对场地的高程、坡度、坡向等进行分析，在原始数据更改时实现同步更新，大大提高了设计的准确性与效率。此外，在BIM场地设计软件中设定好松散、压实系数，能快速精确地计算出土方工程量，进一步提升工程效率。利用BIM技术对场地进行全面分析后，场地整体高程控制将更合理，地势走向更有规律，建筑布局也更合理。同时，地面径流按照排水分区规律排往相应水体及管道中，既满足了场地使用功能，又达到了防洪防涝的要求。

所谓场地是指适应某种需要的空地，理论上每一块场地都有一种理想的用途，而每一种用途也都有一种理想的场地，而如何为这块"空地"披上理想的"嫁衣"就是场地设计的核心。

场地设计是指对需要建设和利用的场地的条件进行研究，确定场地的本质属性以及场地内各部分之间相互的关系与矛盾。在工程的规划阶段，场地的地貌、植被、气候条件都是影响设计决策的重要因素，往往需要通过场地设计来对景观规划、环境现状、施工配套及建成后交通流量等各种影响因素进行评价及分析，而传统的场地设计存在诸如定量分析不足、主观因素过重、无法处理大量数据信息等弊端。因此，在场地设计中引入了BIM技术，场地BIM技术的核心是通过在计算机中建立虚拟的场地三维模型，同时利用数字化技术，为这个模型提供完整的、与实际情况一致的场地信息库，借助这个富含场地信息的三维模型，场地的信息集成化程度大大提高，从而提供了对该场地进行科学量化分析的手段。

1.3.1 技术内容

1. 场地设计

1）场地现状分析。分析场地及其周围的自然条件、建筑条件和城市规划的要求等明确影响场地设计的各种因素及问题，并提出初步解决方案。

2）场地布局。结合场地的现状条件，分析研究建设项目的各种使用功能要求，明确功能分区，合理确定场地内的建筑物、构筑物及其他工程设施相互间空间关系，并且场地进行平面布置。

3）交通组织。合理组织场地内的各种交通流通，避免在人流车流之间的交叉干扰，并进行人行车行道路、停车场、出入口等交通设施的具体布置。

4）竖向布局。结合地形，拟定场地竖向布置方案，有效组织地面排水，核定土方工程量，确定场地各部分的设计标高和建设室内地坪设计标高，合理进行场地竖向设计。

5）综合管线。协调各种室外管线的敷设，合理进行场地管线的综合布置，并具体确定各种管线在地上和地下的走向，平行敷设顺序、管线间距、架设高度或埋深，避免其相互干扰。

6）环境设计与保护。合理组织场地内的室外环境空间，综合布置各种环境设施及绿化工程等，有效控制噪声等环境污染，创造优美宜人的场地环境。

2. 基于BIM的场地设计

利用BIM技术可视化、模拟性、优化性、协调性的特点，全方位对拟分析场地的地形、地貌、标高、坡度、建筑布局、道路及环境等基础信息进行收集整理、科学分析。

1）基础信息应包括：

（1）地质勘察报告、工程水文资料、现有规划文件、建设地块信息等项目相关的数据和资料。

（2）项目所处区域的电子地形图（周边地形、建筑属性、道路用地性质等信息）、GIS（Geographic Information System，地理信息系统，简称GIS）数据等。

（3）场地既有管网信息、周边主干管网信息。

以上数据应能准确反映项目场地内及周边的真实情况。

2）主要内容包括：

（1）BIM模型要求。建立相应的场地模型，场地模型应包含场地边界、地形表面、地貌、植被、地坪、场地道路、周边建筑、地理区位、坐标、地质条件、气候条件、基本项目信息等要素。模型精细度应符合《建筑信息模型应用统一标准》GB/T 51212—2016、《建筑信息模型施工应用标准》GB/T 51235—2017的相关要求。建立的场地模型应体现坐标信息、各类控制线（用地红线、道路红线、建筑控制线）、原始地形表面、场地初步竖向方案、场地道路、场地范围内既有管网、场地周边主干道路、场地周边主管网、三维地质信息等。模型要素完整，模型精度符合应用要求。

（2）分析要点。对场地的坡度、坡向、高程、纵横断面、填挖量、等高线等数据进行模拟分析。

（3）可行性评估。根据分析结果评估不同场地设计方案或工程设计方案的可行性。

（4）结论展示。场地分析报告应体现场地模型图像、场地分析结果，以及对场地设计方案或工程设计方案的场地分析数据对比。

综上，场地设计BIM应用流程如图1.3.1-1所示。

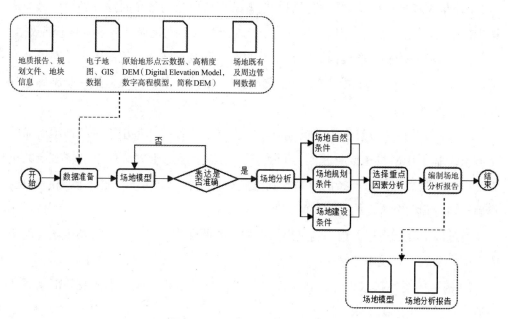

图1.3.1-1　场地设计BIM应用流程图

1.3.2　技术指标

1.场地设计技术指标

场地设计应符合《城乡建设用地竖向规划规范》CJJ 83—2016、《城市工程管线综合规划规范》GB 50289—2016等现行规范中场地设计的相关条款。

2.模型指标

模型应包含坐标信息、用地红线、道路红线、建筑控制线、原始地形表面、场地初步竖向布置、场地道路、场地范围内既有管网、场地周边主干道路、场地周边主管网等信息。

3.应用指标

1）土方平衡，为最大化利用原有场地，利用BIM技术综合考虑建筑布局、场地道路及排水、防洪防涝及地下水等因素，对场地进行必要的土方处理，以使土方量填挖尽量达到平衡。

（1）基于原始BIM场地设计模型及工程的开挖要求，确定第一步开挖的范围、深度，通过三维模型及时反馈出开挖的土方数据结果。

（2）根据场地内施工顺序的组织，挖方的模型可分为各个时序、各个区域，进一步精确地计算出土方开挖量，为下一步土方调配方案优化提供指导性的基础数据。

（3）基坑开挖后，场地内寻找回填土的堆放区域，结合工程的建筑标高以及场地设计标高，填方模型和挖方模型也可分为各个时序、各个区域，进一步精确地计算出土方挖填方量。

（4）基坑开挖土方量、填筑场地所需的土方量、各单体垫层下基坑回填所需的土方量，基于BIM场地设计模型分析可知，在整个场地土方调配中是将多余的土方运出去还是需额外采购，同时考虑到土质在自然状态和夯实状态下体积的变化，精确规划得到一个合理的土方调配方案。

通过以上分析指标，精确制定出场地的土方调配方案，用以指导整个场地的土方平衡，实现土方成本控制。

2）精准的场地排水设计，利用BIM技术使自然水体、人工水体及外部水系相连通，及时导出过剩雨水。

3）合理的场地道路规划，根据区域市政提供的道路设计标高及地形原始地形标高，考虑场地排水要求，实现道路纵坡、横坡的合理设计。

4）拟分析场地内建筑合理的竖向规划及功能分区。

5）精细的场地管网布置，基于BIM场地设计模型，原始数据（周边市政管网、场地数字地形、设计数字地形）收集录入统一的管理系统平台，集中进行系统管理，使场地数据的出错率大幅缩小，数据的一致性和工程质量得到了保证，结合三维的设计地形划定场地内的汇水区域，模拟地表雨水流向，计算分区雨水量，从而确定管网直径的尺寸和管线的坡降。

4.结论指标

场地分析报告应包含至少两个工程设计方案的竖向布置分析对比、土石方平衡数据分析对比，合理精细的BIM场地设计将减少效果图成本，呈现最真实的建造成果。土石方平衡BIM模型场地设计如图1.3.2-1所示。

（a）　　　　　　　　　　　　　（b）

图1.3.2-1　土石方平衡BIM模型场地设计图

1.3.3　适用范围

适用于所有建筑场地的设计，特别是复杂场地设计。

1.3.4　工程案例

涪陵城区第十八小学校工程、朗诗重庆蔡家项目、鸡冠石污水处理厂提标改造工程土建及安装工程、中国科学院大学重庆学院项目一期工程等多项工程中应用场地设计BIM技术。下面以涪陵城区第十八小学校工程、朗诗重庆蔡家项目为例简要介绍BIM技术在场地设计中的应用情况。

1.涪陵城区第十八小学校工程

1）项目概况

涪陵城区第十八小学校工程选址在丘陵地区，用地面积约30亩，总建筑面积约1.3万m²，建筑层数1~4层。建设场地北高南低，四周市政道路已经建成，最大高差约30.6m，初勘土层分布均匀。

2）应用情况

项目采用工程总承包（EPC）模式，工程质量要求高、工期紧，设计阶段对工程造价控制要求严格。项目场地原始地形复杂，地块间高差明显，局部存在高切坡，如何精准高效地对项目场地进行竖向设计成为影响工程质量、造价和工期的关键因素，特别是场地的土方平衡分析，更是控制项目工程造价的关键环节。传统的场地设计缺乏有效的技术手段，建立的地形模型精度较差，项目采用基于BIM技术的AutoCAD Civil 3D软件进行地形建模及场地分析，其模型精度高，模型数据可动态更新，设计质量和效率都得到提高。

在项目实施过程中，通过BIM技术对初步场地设计方案的深入剖析，发现初步方案存在两个问题：第一，在坡地场地竖向设计时，总平各功能区标高区分不明显，与原始地形地貌结合不紧密；第二，北面布置运动区，南面布置教学区会造成土石方量增大，场地挡墙加高，土石方工程造价增加。由此提出调整方案，调整方案采用BIM技术对场地进行优化后，可利用面积更大，挖填方工程量反而更小，最终项目的实施方案选择确定为BIM技术优化后的调整方案。初步方案（图1.3.4-1、图1.3.4-2）与调整方案土石方量对比（表1.3.4-1），弃方量由原方案的

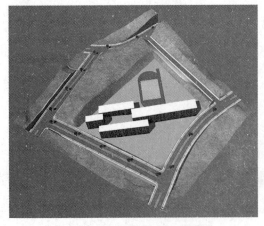
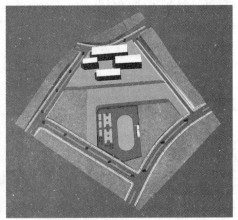

图1.3.4-1　初步方案平场后效果图　　　　图1.3.4-2　调整方案平场后效果图

土石方量对比表			表 1.3.4-1
方案	总挖方量（m³）	总填方量（m³）	净值（m³）
初步方案	5761.30	441.16	5320.14（弃方）
调整方案	4101.79	1355.7	2746.09（弃方）

5320.14m³ 降低到 2746.09m³，总计节省 2574.08m³。

2. 朗诗重庆蔡家项目

1) 项目概况

项目位于重庆市北碚区，项目场地情况较为复杂，项目北侧东西向道路处于施工状态，通达项目的目前仅南北向的小道；项目与西侧纵向规划道路存在约 20m 高差。项目北侧东西向"横四路"城市主干道处于施工状态，并且整个项目位于轨道交通 6 号线隧道正上方。原始场地地形地貌复杂，场地内多为山区和丘陵区，地形高程起伏较大，使得建筑产品布局较为困难，预估挖填土石方量较大造成建设成本增加，极有可能会出现土层分布较薄且下伏基岩高低不平的不利情况。因此，通过采用基于 BIM 技术及 GIS 数据的原始场地模型构建，对地形高差、建筑产品定位、交通组织联系、平场成本控制等多维度进行统筹规划分析，为建设实施决策提供有力的数据支撑。

2) 应用情况

基于 BIM 技术及 AutoCAD Civil 3D 或 GIS 数据构建各地块间的精细三维平场方案。通过与后期施工部门的紧密配合，将所有方案的建筑场地及竖向设计进行逐项梳理，并真实地反映在三维平场模型中，然后进行可视化的优化分析，提出各地块合理化建议。

综合 1—6 号地块深化、优化建议，构建多个平场方案用于比较选择。"平场方案一"是在暂不考虑市政道路的情况下，场地平场与原始地形相邻挖方区域暂按临时放坡处理；"平场方案二"是在"平场方案一"的基础上将 4 号地块整体提高 5m，用来缓解整个场地的外运土石方量过多的问题；"平场方案三"是在"平场方案一"的基础上将 2 号、3 号地块整体降低 5m，用来解决 2 号、3 号地块南侧及东侧的高边坡支护的问题；"平场方案四"是在"平场方案一"的基础上将 2 号、3 号地块整体降低 5m，4 号地块整体提高 5m，综合分析整个场地的土石方工程量及边坡支护费用（图 1.3.4-3、图 1.3.4-4）。

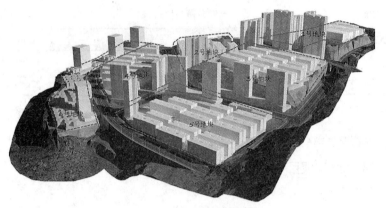

图1.3.4-3　设计方案效果图

在暂不考虑市政道路的情况下，场地平场与原始地形相邻挖方区域暂按临时放坡处理。

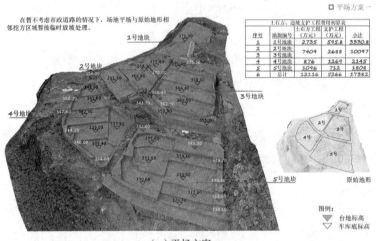

		平场方案一		
土石方、边坡支护工程费用初算表				
序号	地块编号	土石方工程（万元）	支护工程（万元）	小计
1	1号地块	2735	595.8	3330.8
2	2号地块	7409	2688	10097
3	3号地块			
4	4号地块	876	1269	2145
5	5号地块	1096	712	1808
6	总计	12116	5266	17382

（a）平场方案一

"平场方案二"是在"平场方案一"的基础上将4号地块整体提高5米，用来缓解整个场地的外运土石方量过多的问题。

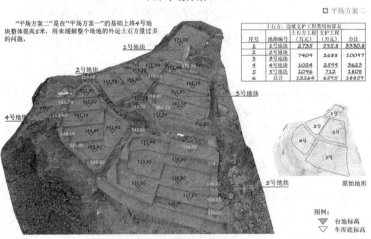

		平场方案二		
土石方、边坡支护工程费用初算表				
序号	地块编号	土石方工程（万元）	支护工程（万元）	小计
1	1号地块	2735	595.8	3330.8
2	2号地块	7409	2688	10097
3	3号地块			
4	4号地块	1024	2599	3623
5	5号地块	1096	712	1808
6	总计	12264	6595	18859

图例：
▽ 台地标高
▽ 车库底标高

（b）平场方案二

图1.3.4-4　拟建场地平场方案图

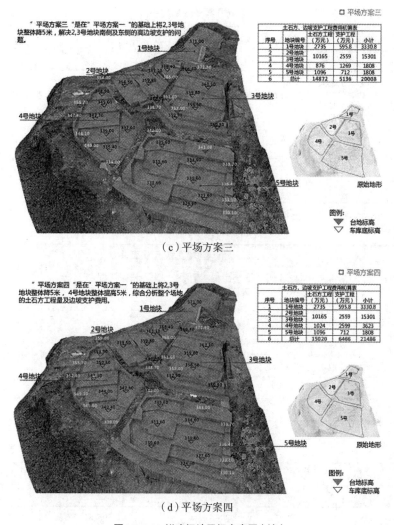

平场方案三"是在"平场方案一"的基础上将2,3号地块整体降5米，解决2,3号地块南侧及东侧的高边坡支护的问题。

土石方、边坡支护工程费用初算表

序号	地块编号	土石方工程（万元）	支护工程（万元）	小计
1	1号地块	2735	595.8	3330.8
2	2号地块	10165	2559	15301
3	3号地块			
4	4号地块	876	1269	1808
5	5号地块	1096	712	1808
6	总计	14872	5136	20008

图例：
▼ 台地标高
▽ 车库底标高

原始地形

（c）平场方案三

平场方案四"是在"平场方案一"的基础上将2,3号地块整体降5米，4号地块整体提高5米，综合分析整个场地的土石方工程量及边坡支护费用。

土石方、边坡支护工程费用初算表

序号	地块编号	土石方工程（万元）	支护工程（万元）	小计
1	1号地块	2735	595.8	3330.8
2	2号地块	10165	2559	15301
3	3号地块			
4	4号地块	1024	2599	3623
5	5号地块	1096	712	1808
6	总计	15020	6466	21486

图例：
▼ 台地标高
▽ 车库底标高

原始地形

（d）平场方案四

图1.3.4-4　拟建场地平场方案图（续）

　　从以上（图1.3.4-4、表1.3.4-2～表1.3.4-5）对各地块的综合优化分析结果可知，经过不同组合发现，"平场方案一"（暂不考虑市政道路的情况下，场地平场与原始地形相邻挖方区域暂按临时放坡处理）得到的土石方、边坡支护工程费用为17380.8万元，相对较低。各平场方案对比结果如表1.3.4-6所示。

　　按照经济性原则进行比选，选择最优方案为"平场方案一"。考虑到实际工程竖向设计中，土石方比选方案还应与场地支护、工程实施难度、建设进度等多个维度进行大量数据的横向对比，以最终选择总建设成本及综合性价比相对最优的实施方案。

平场方案一分析结果 表 1.3.4-2

序号	地块编号	土石方工程（万元）	支护工程（万元）	小计
		土石方、边坡支护工程费用初算表		
1	1号地块	2735	595.8	3330.8
2	2号地块	7409	2688	10097
3	3号地块			
4	4号地块	876	1269	2145
5	5号地块	1096	712	1808
6	总计	12116	5264.8	17380.8

平场方案二分析结果 表 1.3.4-3

序号	地块编号	土石方工程（万元）	支护工程（万元）	小计
		土石方、边坡支护工程费用初算表		
1	1号地块	2735	595.8	3330.8
2	2号地块	7409	2688	10097
3	3号地块			
4	4号地块	1024	2599	3623
5	5号地块	1096	712	1808
6	总计	12264	6594.8	18858.8

平场方案三分析结果 表 1.3.4-4

序号	地块编号	土石方工程（万元）	支护工程（万元）	小计
		土石方、边坡支护工程费用初算表		
1	1号地块	2735	595.8	3330.8
2	2号地块	10165	2559	12724
3	3号地块			
4	4号地块	876	1269	2145
5	5号地块	1096	712	1808
6	总计	14872	5135.8	20007.8

平场方案四分析结果 表 1.3.4-5

序号	地块编号	土石方工程（万元）	支护工程（万元）	小计
		土石方、边坡支护工程费用初算表		
1	1号地块	2735	595.8	3330.8

	土石方、边坡支护工程费用初算表			
序号	地块编号	土石方工程（万元）	支护工程（万元）	小计
2	2号地块	10165	2559	12724
3	3号地块			
4	4号地块	1024	2599	3623
5	5号地块	1096	712	1808
6	总计	15020	6465.8	21485.8

拟建场地平场比选建议结果　　　　　　　表1.3.4-6

	平场方案一	平场方案二	平场方案三	平场方案四
土石方工程（万元）	12116	12264	14872	15020
支护工程（万元）	5264.8	6594.8	5135.8	6465.8
总计	17380.8	18858.8	20007.8	21485.8

1.4 协同设计一体化平台技术

基于协同设计一体化平台技术是以计算机支持协同工作（Computer Supported Cooperative Work，简称CSCW）理论为基础，以云计算、大数据、移动互联网和BIM等技术为支撑，构建的多方参与的协同工作信息化管理平台。协同设计是在信息集成的基础上，更强调功能和过程上的集成，强调设计团队的协调工作，数字化建筑模型是实现设计以及从设计延伸到其他相关活动协同工作的关键。协同设计的目的就是能够实现在分布式环境中群体活动的信息交换与共享，并对设计过程进行动态调整和监控，更好地支持多功能团队的协同工作，实现对协同设计的支持，保证在协同设计过程中，把正确的信息，在需要的时刻，利用计算机网络传输方式，传递给需要的人。

通过工作任务协同设计管理、图档协同管理、项目成果物的在线移交和验收管理、在线沟通服务、二维三维设计结合，解决项目图档混乱、数据管理标准不统一等问题，实现项目参与各方之间信息共享、实时沟通，提高项目多方协同管理水平。协同设计也会向集成化、网络化、敏捷化、虚拟化的方向迈进，成为一个集设计平台、管理平台、知识平台等多方面内涵的广义的概念，对建筑设计方法将产生深远的影响。

1.4.1 技术内容

1. 工作任务协同

在设计项目实施过程中，将项目负责人发布的任务清单及工作任务完成情况的统计分析结果实时分享给项目相关参与方，实现多个参与方对项目设计任务的协同管理和实时监控。

2. 项目图档协同

设计项目各参与方基于统一的平台进行图档审批、修订、分发、借阅，施工图纸文件与相应BIM构件进行关联，实现可视化管理。对图档文件进行版本管理，项目相关人员通过移动终端设备可以随时随地查看最新的图档。

3. 项目成果物的在线移交和验收

各参与方在项目设计、采购、实施、运营等阶段通过协同平台进行成果物的在线编辑、移交和验收，并自动归档。

4. 在线沟通服务

利用即时通信工具，增强各参与方沟通能力。

5. 二维三维设计结合

在使用协同平台后，设计人员可以通过一套模板，快速建立三维模型的各视图与二维图纸之间的引用关系。二维和三维的文档相互参照，三维的改动在导出二维图纸后，原来的二维设计内容不需要重复做，同理二维补充的制图内容能自动更入三维环境，使二维三维设计形成一个闭环，信息实现平台化的共享互通。

1.4.2 技术指标

1）采用云模式及分布式架构部署协同管理平台，支持基于互联网的移动应用，实现项目文档快速上传和下载。

2）应具备即时通信功能，统一身份认证与访问控制体系，实现多组织、多用户的统一管理和权限控制，提供海量文档加密存储和管理能力。

3）针对工程项目的图纸、文档等进行图形、文字、声音、照片和视频的标注。

4）应提供流程管理服务，符合业务流程建模符号（Business Process Modeling Notation，简称BPMN）2.0标准。

5）应提供任务编排功能，支持父子任务设计，方便逐级分解和分配任务，支持任务推送和自动提醒。

6）严格控制设计流程规范设计和管理过程，贯彻实施ISO9000对过程质量管理的要求，提高企业的设计质量和水平。

7）应具备与其他系统进行集成的能力。

1.4.3 适用范围

适用于工程项目多个参与方的跨地域、跨公司、跨时区、跨国界展开的协同设计管理。

1.4.4 工程案例

重庆临空金融总部城项目、重庆金科中心项目、重庆来福士广场项目、重庆湖广会馆项目、重庆融创文旅城融创茂项目、重庆西站综合交通枢纽项目等多项工程中应用协同设计一体化平台技术。下面以重庆临空金融总部城项目、重庆金科中心项目为例简要介绍BIM技术在协同设计一体化中的应用情况。

1.重庆临空金融总部城项目

1）项目概况

重庆临空金融总部项目位于重庆市渝北区空港新城，中央公园西侧，紧邻同茂大道，重庆临空经济区南侧区域、重庆临空创新经济走廊中部区域。距重庆市江北国际机场约5.5km，距重庆火车北站约12km，交通便捷。项目建设用地面积18823.23m²，总建筑面积91292.66m²，建筑高度150.00m。

2）应用情况

（1）外部参照管理。项目使用平台进行二维参照图纸在位编辑，并动态自动上传在位编辑图纸；保存项目引用文件的版本以备追溯查询；项目提资图纸发生更新以后及时通知使用图纸的人员。

（2）批阅、校审管理。项目现场发现图纸问题第一时间反馈到设计人，图纸校审过程产生的问题通过批注及时交流，保存在系统进行二次加工利用，例如生成校审表单等，减少重复填写表单的工作量。

（3）图纸交付管理。图纸交付通过提资、校审等流程并在系统保留痕迹，以便事后的责任追溯。交付时加盖电子签名签章并进行签名认证，为以后白图替代蓝图打下基础。

2.重庆金科中心项目

1）项目概况

重庆金科中心项目位于重庆市金州商圈核心区域，南临主干道金州大道，西邻主干道金山大道，紧邻照母山森林公园。占地面积约76976m²，设计总建筑面积46.6万m²，其中地上建筑面积31.2万m²，地下建筑面积15.4万m²。

2）应用情况

（1）协同工作。项目负责人基于协同设计平台发布任务清单及工作任务完成情况，并实时分享给项目相关参与方，实现多个参与方对项目设计任务的协同管理和实时监控。

（2）集中管理。项目基于协同设计平台将原有分散在各设计人员电脑上的设计成果进行统一管理，与服务器及时同步，随时保持设计成果保存于公司的核心服务器上；同时通过建立知识库系统，使得设计成果的知识分类更加精细化和专业化，有利于设计成果的检索共享，便于知识成果的统一搜集、管理、共享与复用。

（3）图纸自动收集。项目基于协同设计平台在图纸打印时自动收集，在纸质图纸归档时找到与之对应的相关电子文件，包括DWG、PDF等格式，一并进行归档。

1.5 人工智能图纸审查技术

人工智能图纸审查技术是为实现进一步深化建设领域行政审批制度改革、加快推进BIM技术的深化应用、试点推进BIM智能化审查模式、提高审查质量和效率、提高信息化监管能力、促进建筑业数字化转型和智能化升级的目标而提出。

人工智能图纸审查技术需构建BIM智能审查平台，BIM智能审查平台包含国家规范、行业标准等，覆盖五大专业、四大专项，包含建筑、结构、给水排水、暖通、电气五大专业，消防、人防、节能、装配式四大专项，对规范条文实现机器自动标注、解析、联动审查。实现知识的精准查询、语音问答、专家解答、智能推荐、决策支撑等。

1.5.1 技术内容

1.BIM自动建模

将人工智能算法能力与建筑行业规范理解相结合，研发基于人工智能的民用建筑专业施工图纸的识别算法及云服务系统。系统摒弃图层提取概念，解决传统软件图层的依赖及设计中图层混乱问题。利用AI（Artificial Intelligence，人工智能，简称AI）算法识别、提取图纸中各类构件及文字信息，将数字化后的图纸信息与各类软件结合。

2.模型导出

定义自主的、开放的BIM交付数据格式。采用基于国家标准《建筑信息模型存储标准》GB/T 51447—2021完全自主的数据格式进行审查，保证数据的安全和可控。兼容支持IFC（Industry Foundation Classes，工业基础类，简称IFC）数据标准，打通常用数据标准间的信息壁垒。

3.模型上传BIM智能审查平台

根据审查类型的不同分为四个审查等级。Ⅰ类等级是定性和目前尚未实现智能核查的条文；Ⅱ类等级是通过构件属性与量化数据比对完成审查的条文；Ⅲ类等级是在Ⅱ类审查逻辑基础上增加了计算方式完成审查的条文；Ⅳ类将在Ⅲ类等级审查方式的基础，引入人工智能技术完成审查的条文。上传审查文件至BIM智能审查平台进行Ⅱ、Ⅲ、Ⅳ类条文审查，然后再进行Ⅰ类条文相关设计信息补充（Ⅰ类条文审查）。

4.BIM智能审查

结合现行的联合审查系统，创新实现施工图审查从二维平面图纸向三维模型的转变，将图纸和BIM模型精准匹配，通过AI技术匹配楼层信息，保证图纸和模型对应，并建立2D（2-dimension，二维）构件和3D（3-dimension，三维）构件的关联关系；为2D、3D的关联及交互显示提供BIM构件级的数据。

5.BIM智能审查成果验收

审查人员在BIM智能审查平台进行BIM智能审查结果查看、复核，并及时反馈设计进行修改调整，最终完成成果交付。

1.5.2 技术指标

1）建立统一的科学的总体规划和开放的通用平台，采用国家标准和国际标准。

2）应具备分屏查看、构件联动功能、图纸模型信息对比查看功能，为二维图纸和三维模型联审提供有力支撑。

3）应具备消防类审查功能，能进行安全疏散距离审查，系统可将审查结果通过疏散路径画线的方式展示，更直观可信地展示出审查结果。

4）应提供可视化和数据透明度功能，通过研发引擎的几何计算及统计，可将采光通风信息以表格形式呈现。系统遍历各层的套型采光通风指标，可在表格中进行房间和套型的模型关联定位。

5）应具备AI识图建模功能，可将PDF格式的图纸快速自动转换为BIM模型。

6）应具备AI图模一致功能，AI识图技术与BIM施工图智能审查系统结合，自动检查图纸与BIM模型的一致性，图模一致性检查从上传到处理，精准做到图纸模型匹配，自动化效率高，识别、审查、对比同步进行，审查效率明显提升。

7）应具备图档数字化功能，能自动识别图纸中图签、说明、表格等内容，效率提升，高质量入库，即扫即出，人工仅作确认即可。

8）使用图形化和"人性化"界面，使用户能方便地操作本系统。

1.5.3 适用范围

适用于工程项目多个参与方的跨组织、跨地域、跨专业的人工智能审查管理。

1.5.4 工程案例

重庆公共卫生医疗救治中心应急医院项目、重庆市设计院建研楼改造工程项目、重庆龙湖礼嘉天街项目、七彩云南·温泉SPA及温泉山庄项目等多项工程中应用人工智能图纸审查技术。下面以重庆公共卫生医疗救治中心应急医院项目、重庆市设计院建研楼改造工程项目为例简要介绍BIM技术在人工智能图纸审查中的应用情况。

1.重庆公共卫生医疗救治中心应急医院项目

1）项目概况

重庆公共卫生医疗救治中心应急医院项目，项目位于重庆市巴南区南彭街道，占地面积约550亩。项目总建筑面积约22万m²，永久区建筑面积约13万m²，病床500张。应急医疗区建筑面积约9万m²，病床2000张。

2）应用情况

（1）BIM自动建模。项目使用BIM自动建模软件快速批量提取出设计图纸数据，再将这些数据按定制的三维制模标准快速转换为三维立体的BIM模型（图1.5.4-1）。

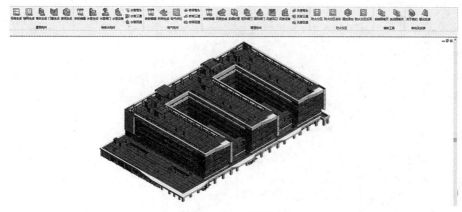

图1.5.4-1　BIM自动建模

（2）集成三维模型。项目使用BIM智能审查平台集成三维模型，采用碰撞检查的方式及时、准确定位BIM模型中存在的设计问题，保证工程设计的合理性。

（3）BIM智能审查。项目主要审查了门窗冲突、车位冲突、楼梯净高、坡道净高、车道净高、疏散距离、门垛空间等（图1.5.4-2）。

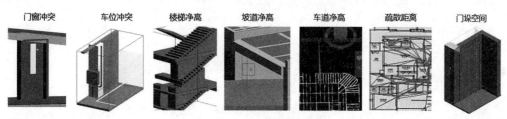

门窗冲突　　车位冲突　　楼梯净高　　坡道净高　　车道净高　　疏散距离　　门垛空间

图1.5.4-2　BIM智能审查部位

2.重庆市设计院建研楼改造工程项目

1）项目概况

项目总用地面积为1762.4m²，项目地上建筑面积为2967.21m²，地下建筑面积为2064.66m²，总建筑面积为5031.87m²，为多层公共建筑。项目地面五层采用钢结构，地下三层采用钢筋混凝土结构，1层及以上梁、柱、楼梯全部采用预制装配式构件。

2）应用情况

（1）图模一致性审查。项目模型与图纸导入审查平台（图1.5.4-3），平台自动精准做到图纸模型匹配，一键识别、审查、对比同步进行，审查效率明显提升。

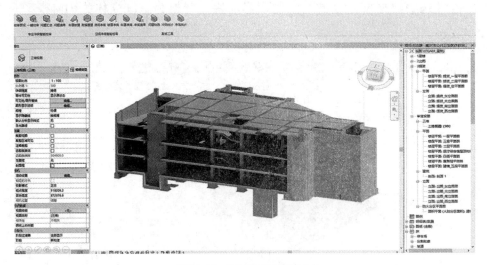

图1.5.4-3　BIM智能审查平台

（2）消防类审查。项目进行安全疏散距离审查，通过疏散路径画线的方式展示消防审查，更直观可信地展示出审查结果。

（3）审查成果。项目在BIM智能审查平台进行BIM智能审查结果查看、复核，并及时反馈设计进行修改调整，最终完成成果交付。

第2章

深化设计
BIM技术

2.1 现浇混凝土结构深化设计 BIM 技术

现浇混凝土结构深化设计 BIM 技术是指在 BIM 技术的辅助下，让现浇混凝土工程中钢筋排布、特殊模板布置、二次结构设计、预留孔洞设计、节点设计、预埋件设计等需要专门根据现场的情况进行深化设计的工作完成得更加智能、更加准确。同时一些常规的深化手段无法解决的问题，通过 BIM 技术也可以很好地解决。

2.1.1 技术内容

1）现浇混凝土结构深化设计中的钢筋排布、特殊模板布置、二次结构设计、孔洞预留设计、节点设计、预埋件设计等宜应用 BIM 技术。

2）现浇混凝土结构施工深化模型除应包括施工图设计模型元素外，还应包括钢筋排布、特殊模板布置、预留孔洞设计、预埋件设计等类型的模型元素。

3）在现浇混凝土结构深化设计 BIM 技术应用中，可基于设计文件及施工图纸创建现浇混凝土结构深化设计模型，完成钢筋排布、特殊模板布置、二次结构设计、孔洞预留设计、节点设计、预埋件设计等任务。一般应用内容为：

（1）混凝土结构钢筋排布深化设计 BIM 技术应用（图2.1.1-1）。依据施工图纸和国家建筑标准设计图集《混凝土结构施工图平面整体表示方法制图规则和构造详图》22G101-1，创建施工需要部分的钢筋模型，确保钢筋配置满足结构设计和构造要求。在钢筋 BIM 模型中表达钢筋的系列参数，包括钢筋的种类、直径、名称、分类等级、编号等内容，并可通过筛选器对定义参数进行筛选、控制显示颜色。

（2）混凝土结构特殊模板布置深化设计 BIM 技术应用（图2.1.1-2）。该项技术主要应用于异形现浇混凝土结构、饰面清水混凝土等对模板布置有极高要求的混凝土结构。BIM 工程师可以利用 Dynamo 参数化程序设计模板铺贴排列规则，实现模

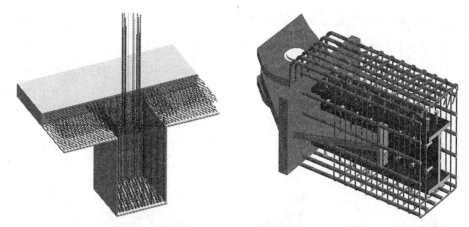

图 2.1.1-1　混凝土结构钢筋排布深化设计 BIM 技术应用

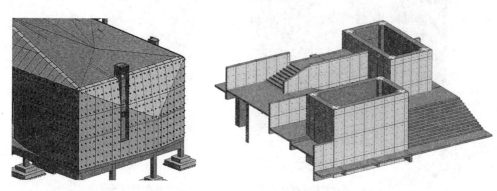

（a）异型混凝土结构模板布置深化设计　　　　（b）饰面清水混凝土模板布置深化设计

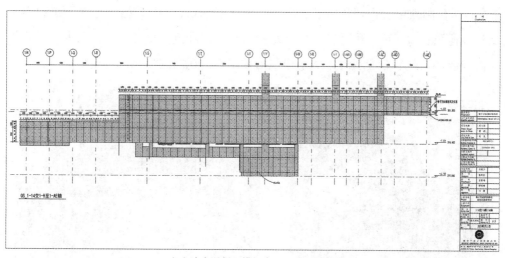

（c）清水混凝土模板布置深化设计图

图 2.1.1-2　混凝土结构特殊模板布置深化设计 BIM 技术应用

板布置模型的自动化创建，极大提高建模效率。将原本一些复杂的模板节点通过BIM模型进行模板的定制排布，并最终形成模板深化设计图。

（3）二次结构排布深化设计、交底、出图、出量BIM技术应用（图2.1.1-3）。三维模型环境更加适合开展现浇结构、机电管线综合（简称管综）与二次结构的空间关系设计，对过梁、构造柱等二次结构进行深化设计出图，形成砌体排布施工图，并作现场交底，提取工程量，有效把控现场施工提取材料量，避免材料浪费，提升现场施工质量。

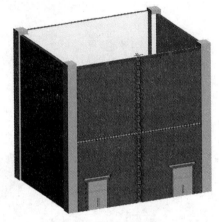

（a）砌体排布模型

（b）砌体工程量明细表

图2.1.1-3　二次结构排布深化设计、交底、出图、出量BIM技术应用

（4）孔洞预留及预埋件深化设计BIM应用（图2.1.1-4）。结合施工图纸，对穿墙管线孔洞、预埋件、预埋管、预埋螺栓进行建模和碰撞检查，辅助后期设备及构件的安装。工艺节点展示时，应制作包括预埋螺栓在内的深化设计模型。

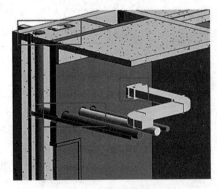
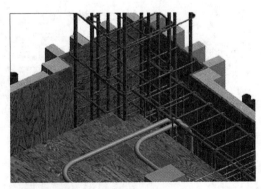

（a）孔洞预留设计

（b）预埋管线设计

图2.1.1-4　孔洞预留及预埋件深化设计BIM技术应用

（5）现浇混凝土结构节点设计BIM技术应用（图2.1.1-5）。节点BIM模型内容应包括钢筋、混凝土、型钢、预埋件、预留孔洞等，明确节点各组成部分的位置、几何尺寸内容，通过深化设计节点模型生成节点的平面、立面、剖面图纸，以及明细表，用于指导材料加工和施工。

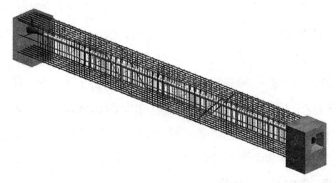

图2.1.1-5　现浇混凝土结构节点设计

4）现浇混凝土结构深化设计BIM技术应用交付成果宜包含现浇混凝土结构施工深化模型、模型碰撞检查文件、施工模拟文件、深化设计图纸、工程量清单、复杂部位节点深化设计模型及详图等。

2.1.2　技术指标

1）需建立BIM模型，模型中包括几何参数与空间参数，模型基于项目整体的轴网、标高建立，能够精准整合其他专业BIM模型，具备与其他专业BIM模型进行碰撞检查的条件。

2）钢筋排布、特殊模板布置、二次结构设计、孔洞预留设计、节点设计、预埋件设计BIM模型几何信息应包括：准确的位置和几何尺寸，非几何信息应包括：类型、材料、工程量等信息。

3）钢筋排布BIM模型内容应包含钢筋、套筒、预留预埋件、混凝土结构等；特殊模板布置包含模板、对拉螺栓孔，以及支撑架体等；二次结构设计应包含构造柱、过梁、止水反梁、女儿墙、压顶、填充墙、隔墙等；孔洞预留及预埋件模型应包含预埋件、预埋管、预埋螺栓、预留孔洞等；现浇混凝土结构节点模型应包含构成节点的钢筋、混凝土、型钢、预埋件等。

2.1.3 适用范围

适用于所有建设工程的现浇混凝土结构深化设计。

2.1.4 工程案例

重庆市城建档案馆新馆库建设项目、国浩中国·重庆十八梯项目、成都绿地中心项目、重庆约克北郡三期项目等多项工程中应用BIM技术在现浇混凝土结构深化设计中。下面以国浩中国·重庆十八梯项目、成都绿地中心项目为例简要介绍BIM技术在现浇混凝土结构深化设计中的应用情况。

1.国浩中国·重庆十八梯项目

1）项目概况

项目位于重庆市渝中区十八梯片区，紧邻解放碑核心商圈，为超大型高端住宅、商业群体工程，是重庆地标建筑。十八梯是一条连接重庆上下半城的老街，在城市更新的唤醒与改造下，逐渐成为重庆的新名片。1号地块总建筑面积约为21万m²，由三栋塔楼、三层商业裙楼、五层地下室及厚慈街95号优秀历史建筑加固改造工程组成，最大建筑高度为193m（图2.1.4-1）。2号地块总建筑面积约为15万m²，由两栋塔楼，三层商业裙楼、五层地下室组成，最大建筑高度为150m（图2.1.4-2）。

图2.1.4-1　重庆十八梯项目1号地块

图2.1.4-2　重庆十八梯项目2号地块

2）应用情况

现浇混凝土模板深化设计及交底（图2.1.4-3）：基于BIM结构专业模型，精确拆分和优化楼层墙、柱、梁构件，并输出铝模拆分图和下料单共计15.8万m²，采用BIM技术对铝模进行深化设计，三维出图，精细化加工，确保铝模规格、精度，大幅降低废料产生概率及因错返工次数，提高铝材使用效率，节约成本，缩短铝模加工及生产周期。利用模板施工BIM模型制作模板拼接节点，直观展示施工工艺，并将模板拼装过程进行可视化模拟，用于对班组进行可视化交底。

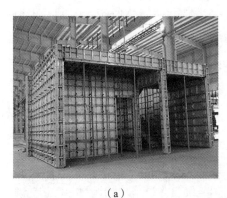 

（a） （b）

图2.1.4-3 现浇混凝土模板深化设计及交底

2. 成都绿地中心项目

1）项目概况

成都绿地中心项目位于成都东部新城文化创意产业综合功能区核心区域，项目总建筑面积454428m²（图2.1.4-4）。主体结构采用"核心筒+外伸臂+（外周）巨型

图2.1.4-4 成都绿地中心

斜撑框架"的结构体系。项目主要包括超高层塔楼、高层塔楼、高层裙楼和地下室四个部分构成。其中超高层主楼（T1）包括天际会所、酒店、行政公馆、办公等，地下4层，地上101层，建筑高度为468m，建筑面积221800m²，为西南地区地标建筑。

2）应用情况

复杂节点钢筋深化设计（图2.1.4-5）：地下车库异形柱帽钢筋锚固节点复杂，且存在多处多梁交叉梁柱节点，钢筋穿插困难，通过三维模型对钢筋的锚固形式进行优化及翻样，使其复杂节点形象直观易于理解并解决钢筋叠加碰撞问题。现浇大体积混凝土施工模拟：T1塔楼筏板施工：基坑深度-27.1m，筏板厚4.6m，混凝土3万m³，钢筋7102t，浇筑时间需要100余小时，通过BIM技术进行虚拟施工及安全计算，确保深基础施工的安全性、可靠性。现场泵车施工作业面狭小，通过BIM技术对大体积混凝土浇筑方案进行模拟，优化溜槽、料斗与内支撑梁的空间作业关系，向现场提供改进建议，保障T1塔楼基础筏板浇筑施工顺利进行。

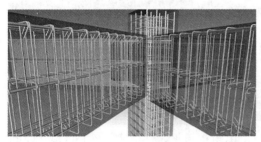 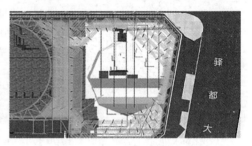

（a）复杂节点钢筋深化设计　　　　　　（b）现浇大体积混凝土施工模拟

图2.1.4-5　复杂节点钢筋深化设计

2.2 预制装配式混凝土结构深化设计BIM技术

预制装配式混凝土结构深化设计BIM技术是指采用从整体到构件的设计理念，先完成构件平面布置，再充分利用参数化设计理念，结合不断累积的构件库，进行构件的自动化快速建模和深化设计，然后应用BIM的自动检查功能对设计进行错误检查，对设计完成的构件进行预装配，检测其正确性和可建造性。通过运用

BIM技术，极大提高了深化设计方案的科学性、合理性，并简化了深化设计过程。

2.2.1 技术内容

预制装配式混凝土结构深化设计BIM应用，先要明晰设计思想，然后把握好相关设计方法要点，包括明确设计程序、构建和完善构件库、建立和优化结构模型、充分应用结构模型、优化构件拆分以及进行碰撞检测等，确保预制装配式混凝土结构深化设计效果。预制装配式混凝土结构深化设计要求做到"一件一图"，为了保证设计图纸的准确性，相关设计要素等均需要尽可能体现在模型中，并生成相关的二维深化设计图纸，以便生产人员无须二次理解图纸，即可根据BIM深化设计图纸进行制作及生产，可有效避免相关遗漏或者错误出现。

1.BIM技术在预制装配式混凝土构件钢筋深化设计中的应用

利用BIM技术对预制装配式混凝土构件进行钢筋排布时，需创建预制装配式混凝土构件三维模型，根据设计图纸的要求对构件中钢筋进行布设。在BIM软件中载入需要的钢筋形状，按照设计标准放置钢筋，对钢筋弯锚方向及锚固长度进行深化设计，实现三维可视化环境下预制装配式混凝土构件钢筋深化设计。完成建筑、结构、钢筋模型构建后，可通过相关碰撞检查软件完成模型的碰撞检查，根据碰撞检查结果进行检查修改（图2.2.1-1）。

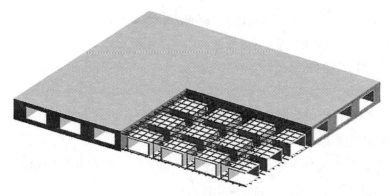

图2.2.1-1 节点深化设计

2.BIM技术在预制装配式混凝土构件预留预埋深化设计中的应用

管道预留孔洞主要集中于厨房、卫生间等位置预制叠合板中，为了防止因管道穿过楼板引起的现场二次开凿，在预制叠合板给水排水预留孔洞深化设计时，结合给水排水管道施工图，考虑管道布设位置、管径、出管方式等因素，利用BIM软件建立工程三维模型，将创建好的建筑、结构、钢筋、机电、管道模型在BIM软件中进行整合，在三维模型视图中确定孔洞布设位置及孔洞直径，可导出图表以明确表达每个预制构件的开孔情况。

3.BIM技术在预制装配式混凝土构件连接节点深化设计中的应用

根据项目施工实际的预制装配式混凝土构件外形尺寸及配筋，参照装配式混凝土结构连接节点构造图集，在BIM软件中创建构件连接节点三维模型，对构件连接节点中钢筋形状、锚固方式及构件连接位置进行深化设计（图2.2.1-2）。

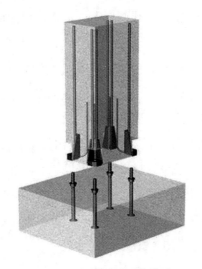

图2.2.1-2　连接节点深化模型

2.2.2　技术指标

1）在创建构件族时，需适当修改预留件、预留孔位的参数信息，保证设计工程量与实际工程量误差可控。

2）预制装配式混凝土族构件应根据设计图纸的要求对其中的钢筋进行布设，并对钢筋弯锚方向及锚固长度进行深化设计。

3）通过BIM碰撞检查，校对线路及钢筋、预留件位置的设计合理性，对构件发生碰撞问题等进行详细检查。

4）深化模型需表达预制结构的预埋件、钢筋信息及预留开口信息等，并对预制装配式混凝土结构进行构件编号、ID编码，以便实现模型信息的收集、统计和利用。

5）预制装配式混凝土结构模型细度不应低于LOD400，以满足碰撞检查、图模管理、信息传输等方面的应用，实现对预制装配式混凝土构件的直观展示及动态管理。

2.2.3 适用范围

适用于所有装配式建筑预制装配式混凝土结构深化设计，特别是装配率较高、预制结构设计复杂的建筑工程。

2.2.4 工程案例

重庆市城建档案馆新馆库建设项目、天府新区核心区综合管廊及市政道路（二期）项目、国浩中国·重庆十八梯项目、重庆约克北郡三期项目等多项工程中应用BIM技术在预制装配式混凝土结构深化设计中。下面以重庆市城建档案馆新馆库建设项目、天府新区核心区综合管廊及市政道路（二期）项目为例简要介绍BIM技术在预制装配式混凝土结构深化设计中的应用情况。

1. 重庆市城建档案馆新馆库建设项目

1）项目概况

项目位于重庆市渝北区空港新城，总用地面积约3.635万m²，总建筑面积约11.22万m²，其中地上约7.09万m²，裙房车库及设备用房约4.13万m²。由9栋塔楼、6栋交通体、8个钢连廊和2层裙房组成，其中1号～4号、6号～9号楼为地上8层，5号楼地上3层。建筑功能主要包括档案库房、办公区、展示区、报告厅、机房、连廊、地下车库等（图2.2.4-1）。

2）应用情况

基于BIM技术的预制构件深化设计（图2.2.4-2）。项目裙楼涉及众多复杂立面、复杂标高施工部位，项目地上建筑围护结构全部应用预制清水混凝土外挂复合保温墙板、预制清水混凝土外挂遮阳构件，利用BIM模型三维可视化特性，开展正向深化设计，从不同视角对螺杆眼、蝉缝、明缝等进行对齐调整，实现全面立体的效果表达，避免二维作图深化过程中的"视野盲区"，极大提高了深化效率。预

图2.2.4-1　重庆市城建档案馆新馆库建设项目

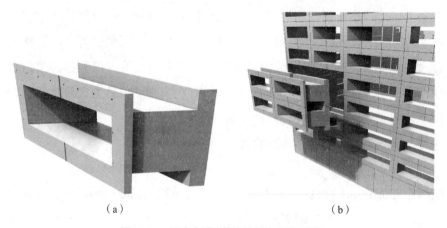

（a）　　　　　　　　　　　　　　　（b）

图2.2.4-2　重庆市城建档案馆新馆库建设项目

制清水混凝土遮阳构件拆分成回字形整体构件，构件总数1428块。通过BIM进行深化设计后，构件总数减半，再优化连接方式，节省悬挑部分钢梁600t；并且减少了1554个安装台班，安装工期缩短75%。

2. 天府新区核心区综合管廊及市政道路（二期）项目

1）项目概况

天府新区核心区综合管廊及市政道路工程（二期）工程位于天府新区核心区，道路总长为11.51km，其中综合管廊总长度为10.95km，建设投资额约16亿元。包含7条道路及附属综合管廊，分布在三个片区：锦江西片区、兴隆片区及秦皇寺片区；工程主要包含管廊、道路、桥梁、机电安装、园林景观交通安全设施工程、标识标牌等。

2）应用情况

本路段采用全预制管廊，管廊断面为两舱式，分为综合舱和燃气舱，平均埋深5.0m，预制标准段管廊截面为6.75m×3.8m×1.5m，纵向设置1%坡度，总重量为30t，采用预应力张拉方式进行拼接，两标准段间用橡胶止水条进行防水。施工过程中，配合构件厂进行项目构件深化，对管廊预制段预应力张拉拼接方式进行详细深化（图2.2.4-3）。

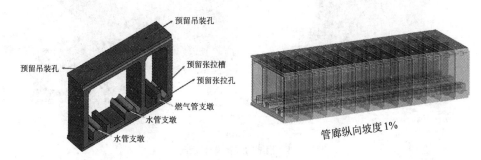

图2.2.4-3　管廊深化设计

2.3 钢结构深化设计BIM技术

钢结构深化设计BIM技术是基于BIM技术可视化、可出图的特点对钢结构进行三维实体建模、出图的过程，即进行电脑预拼装、实现"所见即所得"的过程。钢结构深化设计主要是对原图纸不合理之处进行调整、对原图纸不详细部分进行补充，所有的杆件、节点连接、螺栓焊缝、混凝土梁柱等信息都在BIM模型中明确表达，与实际建造的建筑完全一致，最终达到优化设计、降低用钢量、节省成本的目标。

2.3.1　技术内容

钢结构在建模过程中对软件的选择是非常重要的。目前业内流行使用Tekla软件创建钢结构模型（图2.3.1-1），通过IFC文件与Revit软件模型进行信息交互，最终形成完整的BIM模型。钢结构深化设计BIM工程师应根据CAD图纸创建轴线及平面视图，在对钢柱钢梁建模的过程中，应严格按照图纸进行零件、构件编号，便于后期导出零件报表。当构件搭建完成后，再创建构件与构件之间的连接节点，内容应包含连接板、螺栓、加筋板、焊缝等，需特别注意零件的规格和材质参数、螺栓尺寸以及间距是否符合标准。

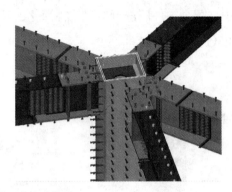

图2.3.1-1　钢结构深化设计模型

1）型钢混凝土组合结构节点构造深化设计BIM应用。型钢混凝土组合结构节点一般可以分为两大类：一类是十字交叉节点，柱子为方形型钢柱；另一类为环向节点，柱子为圆形型钢柱，混凝土梁不同角度分别与圆钢柱连接。建模过程中应准确定位梁、柱、钢筋等构件的位置和连接方式，以及钢筋穿孔的方式和位置，通过碰撞检查进一步规范型钢柱、钢梁设置，使钢结构深化设计模型细度满足施工需求。

2）钢结构深化图纸的精细化程度对于钢结构的安装精度有着很大的影响，利用三视图原理投影生成钢结构加工详图（布置图、构件图、零件图、大样图等），应包含杆件长度、断面尺寸、杆件相交角度等几何信息，同时应规范表达图纸大小、图纸比例、标注样式、标注内容、焊接坡口、螺栓规格与数量等信息。

2.3.2　技术指标

1）钢结构深化设计模型内容应包括：钢结构准确几何位置和截面尺寸、典型的钢结构连接节点、施工分段钢结构连接节点、钢结构布置图、节点图、构件加工详图、零部件加工详图、材料清单、零构件清单等。

2）钢结构深化设计模型创建完成后，应与建筑结构、机电安装、装饰装修等专业开展碰撞检查，解决钢构件、钢配件与钢筋、预埋管线、配电箱等内容的碰撞问题，确保钢构件布置合理、分段合适，满足施工工序需求。

3）钢结构深化设计BIM工程师应按照国家规范、图集的要求对钢构件、钢配件以及钢结构预埋件进行修正，保证出图的合理精确性。

2.3.3 适用范围

适用于所有涉及钢结构工程的项目。

2.3.4 工程案例

重庆市城建档案馆新馆库建设项目、重庆来福士项目、重庆约克北郡三期项目等多项工程中应用BIM技术在钢结构深化设计中。下面以重庆市城建档案馆新馆库建设项目、重庆约克北郡三期项目为例简要介绍BIM技术在钢结构深化设计中的应用情况。

1.重庆市城建档案馆新馆库建设项目

1）项目概况

工程由F62-1-1、F62-1-2两个地块组成，建设用地总面积约3.635万 m^2，总建筑面积约11.22万 m^2。由9栋塔楼、6栋交通体、2层裙房和8个钢连廊组成，地上8层、裙房2层，主要功能为档案库房、办公区、展示区、报告厅、机房、连廊、车库等配套设施，装配率达69.96%。

2）应用情况

基于BIM的钢结构深化设计：项目利用BIM技术，通过Tekla软件创建钢结构整体地上模型（图2.3.4-1）、钢结构节点深化（图2.3.4-2），生成构件深化加工图纸（图2.3.4-3），指导现场施工（图2.3.4-4）。钢结构深化设计主要对原图纸不合理之处进行调整、对原图纸不详细部分进行补充，所有的杆件、节点连接、螺栓焊缝、混凝土梁柱等信息都在BIM模型中明确表达，与实际建造的建筑完全一致，最终实现优化设计、降低用钢量、节省成本的目标。

图 2.3.4-1　钢结构整体地上模型

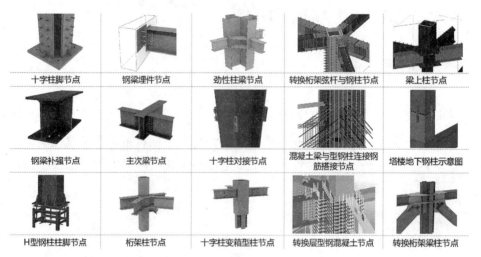

十字柱脚节点	钢梁埋件节点	劲性柱梁节点	转换桁架弦杆与钢柱节点	梁上柱节点
钢梁补强节点	主次梁节点	十字柱对接节点	混凝土梁与型钢柱连接钢筋搭接节点	塔楼地下钢柱示意图
H型钢柱柱脚节点	桁架柱节点	十字柱变箱型柱节点	转换层型钢混凝土节点	转换桁架梁柱节点

图 2.3.4-2　钢结构节点深化

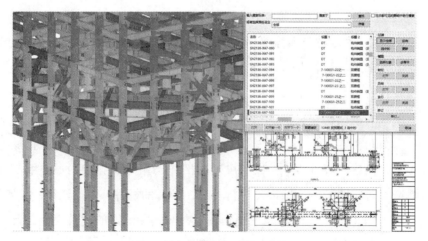

图 2.3.4-3　生成构件深化加工图纸

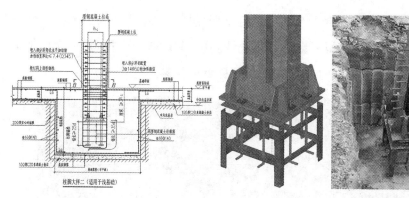

图 2.3.4-4 指导现场施工

2.重庆约克北郡三期项目

1）项目概况

项目占地面积6.3万 m²，总建筑面积43.9万 m²，包括四层地下车库、六层商业裙楼和两栋31层5A甲级写字楼，总建筑高度145.5m，是集高端写字楼、国际轻奢、亲子家庭、环球佳肴、室内瀑布及大型植物园于一体的超大型城市综合体项目。

2）应用情况

基于BIM的钢结构深化设计：工程植物园穹顶为26个排拱组成的双曲空间壳结构，造型复杂，运用BIM技术对抽象的设计图纸，进行可视化深化设计及节点优化，形成可实施、可操作、可直观比选造型方案的三维模型（图2.3.4-5）。

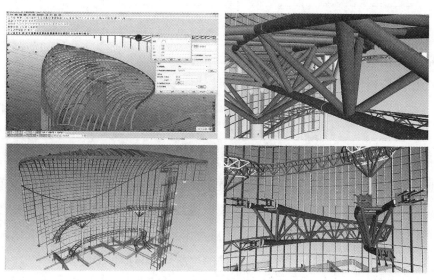

图 2.3.4-5 钢结构三维深化模型

利用BIM技术，对型钢混凝土结构进行钢筋放样，对钢骨进行钢筋孔、螺杆对拉孔、搭接板以及钢结构节点进行深化设计（图2.3.4-6），实现工厂一次性加工成型，减少现场施焊，提高施工质量，加快现场施工进度。

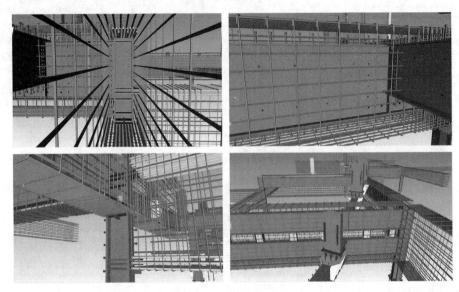

图2.3.4-6　节点深化设计

2.4 幕墙深化设计BIM技术

幕墙深化设计BIM技术是指基于设计单位的幕墙概念设计、方案设计、施工图纸等相关资料，依托专业BIM深化设计软件平台，建立三维模型，并赋予几何参数与空间参数，对原幕墙方案进行深化设计，利用BIM可视化的特点，优化幕墙外立面效果、确定幕墙板块分割方案、细部构造节点设计、各专业模型碰撞检查、基于实际建筑数据精准设计等，基于BIM深化设计软件平台可直接导出幕墙工程量、深化图、加工图，借助物联网技术，可将幕墙三维模型数据精准传递至数控机床中，直接用于幕墙构件加工，避免传统二维设计图纸到三维加工模型转换过程出现信息缺失。依托幕墙深化设计BIM技术，可大量节省传统幕墙深化设计中的人力、物力，提高深化设计质量、构件的生产效率与加工精度。

2.4.1 技术内容

1.三维建模

根据设计图纸或设计方案，依托专业BIM深化设计软件平台，基于项目统一的轴网、标高、建筑及结构模型，建立参数化幕墙模型。

2.外立面造型设计优化

利用BIM软件，实施各种异形曲面、双曲面和复杂造型设计，利用可视化特点，优化不合理的造型部位，辅助设计方及业主方进行方案选型。

3.幕墙板块设计

利用BIM软件，对幕墙表皮进行板块分割设计，确定在保证装饰效果的前提下有利于加工、运输及施工的最优方案。

4.细部构造节点设计

利用BIM软件，对幕墙龙骨、连接固定件、幕墙边角、洞口、交界处、梁底收边等细部构造节点进行深化设计，优化适用于实施工程的细部构造做法。

5.碰撞检查

整合建筑、结构、钢结构等模型，对各专业间BIM模型进行碰撞检查，出具碰撞报告，提前解决专业间碰撞问题。

6.基于实际建筑数据精准深化设计

运用三维扫描技术采集现场建造数据，基于点云数据对幕墙BIM模型进行深化设计，从设计源头上吸收施工误差，提高现场幕墙安装进度与质量。

7.三维出图

利用深化完成的幕墙BIM模型，导出工程量表、深化图、加工图，指导现场实施与生产，减少传统出图的繁冗程序。

8.数字化加工

将最终的幕墙深化BIM模型数据，导入数控机床系统中，实现设计数据的无损传递，提高加工品质，减少从设计到加工各个环节中的材料浪费。

2.4.2 技术指标

1）需建立BIM模型，模型中包括几何参数与空间参数，模型基于项目整体的轴网、标高建立，能够精准整合其他专业BIM模型，具备与其他专业BIM模型进行碰撞检查的条件。

2）利用BIM软件优化幕墙复杂曲面设计造型，合理对幕墙表皮进行分割，形成造型比选方案，辅助方案选型。

3）具有幕墙龙骨、连接固定件、幕墙边角、洞口、交界处、梁底收边等细部构造节点BIM模型深化设计。

4）具有吸收现场误差的幕墙BIM模型深化设计。

5）从BIM模型中导出工程量表、深化图、加工图，能将三维数据导入数控机床加工制造构配件。

2.4.3 适用范围

适用于具有幕墙设计的建筑工程。

2.4.4 工程案例

重庆来福士广场项目、重庆约克北郡三期项目、重庆国金中心项目等多项工程中应用BIM技术在幕墙深化设计中。下面以重庆来福士广场项目、重庆约克北郡三期项目为例简要介绍BIM技术在幕墙深化设计中的应用情况。

1.重庆来福士广场项目

1）项目概况

重庆来福士广场，位于两江汇流的朝天门，由世界知名建筑大师摩西·萨夫迪设计，由新加坡凯德集团投资，总建筑面积超过110万m^2。项目由8座修长塔楼、商业裙楼、300m长空中水晶连廊组成，是一个集住宅、办公楼、商场、服务公寓、酒店、餐饮会所于一体的城市综合体，设置了地下停车场、地铁站、公交中转站和码头。

2）应用情况

重庆来福士广场项目，全专业全过程运用BIM技术，对于幕墙工程，工程自设计出具二维方案图开始，逐步对设计方案进行优化，历经LOD100/200/300/400不同阶段的深化设计，形成了最终的LOD500运维级幕墙深化设计BIM模型（图2.4.4-1），利用BIM可视化特点，确定了与来福士广场项目扬帆起航寓意匹配的风帆幕墙方案与水波形连廊幕墙方案，所有幕墙加工均采用三维数据导入数控机床智能加工制造，该技术应用效果显著。

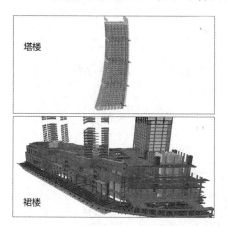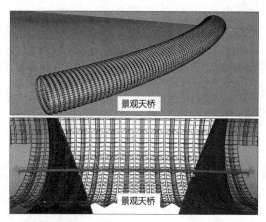

图2.4.4-1 重庆来福士广场项目幕墙深化设计图

2. 重庆约克北郡三期项目

1）项目概况

重庆约克北郡三期项目位于重庆市两江新区照母山金州商圈中心。项目占地面积6.3万 m^2，总建筑面积43.9万 m^2，包括四层地下车库、六层商业裙楼和两栋31层5A甲级写字楼，总建筑高度145.5m，是集高端写字楼、国际轻奢、亲子家庭、环球佳肴、室内瀑布及大型植物园于一体的超大型城市综合体项目。

2）应用情况

重庆约克北郡三期项目全专业全过程运用BIM技术，对于幕墙工程，工程利用BIM可视化特点，辅助幕墙专业进行幕墙板块分隔、复杂连接节点、材质及色彩调整等进行深化设计，利用幕墙BIM模型进行面材的优化及分格调整，通过GH（Grusshopper）可视化编程进行面材的展开及下料尺寸信息提取，并出具精准深化图（图2.4.4-2）。尤其针对容易产生结构误差的植物园钢结构，幕墙深化设计前，运用三维扫描技术对整个植物园进行三维扫描，采集实体数据，作为植物园曲面幕

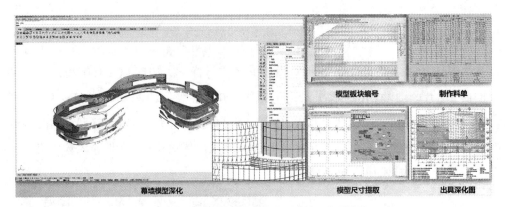

图2.4.4-2　重庆约克北郡三期项目幕墙深化设计图

墙深化设计的基础数据，确保了整个多曲面幕墙的施工精度与成型效果，该技术应用效果显著。

2.5 机电工程深化设计BIM技术

　　机电工程深化设计BIM技术是指通过BIM技术，将各专业管线的位置、标高、连接方式及施工工艺进行三维模拟，按照现场可能发生的工作面和碰撞点进行方案的调整，既达到合理施工的目标，又可节省工程造价。同时将完成后的方案通过三维剖面图及动态漫游等方式展示给现场作业人员，使其更好地理解施工方案，既保证施工质量，又能很好地缩短工期。

　　机电工程项目深化设计分为专业工程深化设计和管线布置综合平衡深化设计，专业工程深化设计是在确定设备供应商、设备品牌后，由专业施工单位按原设计的技术要求进行二次设计，完成最后的施工图；管线布置综合平衡深化设计是根据工程实际将各专业管线设备在图纸上通过计算机进行预装配，将问题解决在施工之前，将返工率降低到零的技术。

　　传统机电设计还处于基于CAD软件的二维设计模式，CAD技术曾从手工绘图中解放了设计人员，大大地提高了设计效率。但它仍然只是一个二维绘图工具，存在工作效率低、可视化差、交流困难、设计中常与其他专业发生冲突、资料信息管理困难等问题。常规的机电管线综合设计模式是使用二维图纸生成管线安装图纸，仅凭该二维图纸较难达到机电管线设计、安装和优化的目的，这类设计模式已经不符合现今工程项目的综合需求。借助BIM技术的有效手段，设计人员在项目准备期就可以进行碰撞分析，找出二维图纸中的错误或瑕疵。

2.5.1 技术内容

1.管线综合调整

管线综合调整的基本思路是在原有设计基础上尽量使净高最大、翻弯数量最少，以降低施工难度及节约部分成本，但必要时也可牺牲部分净高。

2.碰撞检查

机电工程技术人员利用BIM技术从三维模型层面校验管线空间排布状况，迅速找到并且确认发生碰撞的区域，采用针对性较强的措施进行修正。

3.净高分析

BIM技术可自动分析不同区域、不同构件净高情况，自动输出标高分布色块图例。可按不同专业各种系统类型过滤分析，并支持实时净高分析。

4.协同开洞

协同开洞是基于BIM模型实现自动开洞、加套管，同时支持洞口查看与自动标注功能，实现一键出留洞图。

5.支吊架

利用BIM技术进行综合支吊架的设置，将空调风管、消防、水管、桥架等进行合理规划，在机电三维模型中进行支吊架形式及排布设计，实现建模计算一体化，解决计算难题，满足抗震要求，保障安全，节约成本，并导出综合支吊架分布平面图及支架大样图以指导施工。

2.5.2 技术指标

1.基本原则

机电设计BIM模型应符合《建筑工程设计信息模型制图标准》JGJ/T 448—2018；《建筑信息模型设计交付标准》GB/T 51301—2018等现行国家、行业标准的规定；深化、优化原则应符合相关现行设计及施工规范要求。

2.工作模型的拆分

目前机电专业拆分模型可以按照建筑功能分开建模，具体拆分区域，可以和建筑等专业相统一；也可以分系统（分为给水系统、排水系统、消防系统、照明系统、弱电系统等）建模。

3.文件命名规则

合理的文件命名可以加快文档查找浏览以及识别的速度，而且应当在项目开始初期就将命名规则定义完成，机电专业的命名规则应与建筑和结构专业的对应，专业间区分可用P代表给排水，M代表暖通，E代表电气。

4.机电设备单元的制作要求

机电设备的单元分为多种格式：普通单元CEL、复合单元BXC、参数化单元PAZ以及利用VBA编程得来的参数化单元，其中需要根据设备类型的不同选择合适的单元制作方法，才能在工作中提高效率。

5.参数的设定

BIM的核心是信息，BIM软件在信息的储存和管理方面的能力较强。部分信息可以在图纸以及设备中进行表达，要求模型背后的数据必须合理及有效。

2.5.3 适用范围

适用于各类工业建筑、民用建筑从施工图设计、施工技术交底、运维管理等阶段。

2.5.4 工程案例

重庆铁路口岸公共物流仓储工程总承包（EPC）项目、公园中学EPC总承包项目、重庆医科大学附属永川医院新区分院建设工程等多项工程中应用BIM技术在机电工程深化设计中。下面以公园中学EPC总承包项目、重庆医科大学附属永川医院新区分院建设工程为例简要介绍BIM技术在机电工程深化设计中的应用情况。

1.公园中学EPC总承包项目

1）项目概况

工程建设地点在重庆两江新区，总建筑面积10万m²，建设内容包括行政楼、初中部、会议厅、图书馆、高中部、风雨操场、综合楼、宿舍、门卫室等。

2）应用情况

（1）机电样板区（图2.5.4-1），基于BIM施工阶段的应用，施工的安装空间、现场的结构偏差以及预留的检修空间等方面的深化之后，出具BIM管线综合深化图，指导现场施工。美化了机电管线排布，节省了物料成本，极大地减少了误工、返工的现象。

图2.5.4-1　机电样板区

（2）基于BIM的泵房应用（图2.5.4-2）。其涉及设计、加工制作、物料运输、施工安装及后期运维的过程管控，管控难度高，从实施策划方案入手，加强过程审核，确保项目管道安装的准确性和安装精度。

图2.5.4-2　BIM的泵房应用

（3）基于BIM的净高分析应用（图2.5.4-3），根据管线综合结果，出具各个功能区域的净高示意图。

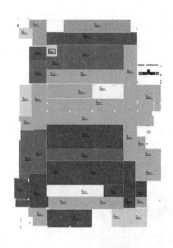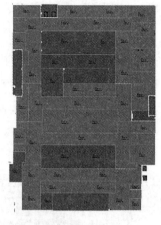

图2.5.4-3　净高分析应用

2.重庆医科大学附属永川医院新区分院建设工程

1）项目概况

重庆医科大学附属永川医院新区分院建设工程项目是勘察、设计、采购、施工工程总承包（EPC）项目，按照国家三级甲等综合医院标准设计，位于重庆市永川区兴龙大道片区，总用地由两个地块组成，D-1地块及A2-8-1地块，分别位于西、东两侧。门诊病房综合楼总建筑面积135699.45m²，计容建筑面积96396.62m²，地上19层，裙房4层，地下2层，室外地坪至屋面结构板顶总建筑高度85.8m，是拥有1200张病床的综合医院（门诊、医技、病房）、配套地下车库工程等。裙房部分主要为门诊和医技，五层为手术部净化设备层和手术部辅助区，六层及以上为病区护理单元，每层两个护理单元（A座、B座）单独设置，十六层、十七层通过架空连廊连接。

2）应用情况

（1）机电模型（图2.5.4-4），通过BIM模型，并结合施工单位合理需求，辅助施工单位对项目重难点及风险点进行BIM交底。通过BIM模型导出施工合理需求图纸，辅助现场施工。

（2）基于BIM的泵房应用（图2.5.4-5～图2.5.4-7）。结合走廊管线排布，泵房引出管标高关系，利用BIM模型对机房进行深化，中间净距由原来的3.3m扩大到4.6m，部分无检修空间区域调整后有1.1m过人检修空间。并对机房照明、控制设备进行合理布置优化。

其涉及设计、加工制作、物料运输、施工安装及后期运维的过程管控，管控难度高，从实施策划方案入手，加强过程审核，确保项目管道安装的准确性和安装精度。

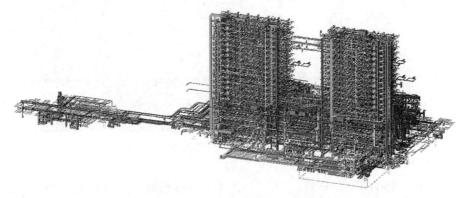

图2.5.4-4　门诊病房综合楼机电模型

图2.5.4-5　泵房深化前示意图

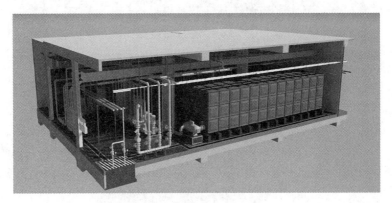

图2.5.4-6　泵房深化后示意图1

图2.5.4-7　泵房深化后示意图2

（3）基于BIM的净高分析应用（图2.5.4-8），根据机电BIM排布方案，综合考虑支吊架、保温、检修空间、施工操作面等因素，确定各楼层各区域净高，并反馈给室内精装修设计。

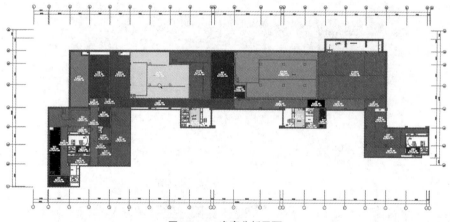

图2.5.4-8　净高分析平面

第 3 章

施工模拟
BIM 技术

3.1 施工组织管理BIM技术

施工组织管理BIM技术是指在施工图设计模型或深化设计模型的基础上结合建造过程、施工顺序等信息，进行施工过程的可视化模拟，并充分利用建筑信息模型对方案进行分析和优化，提高方案审核的准确性，实现施工方案的可视化交底。BIM技术在施工组织与管理阶段的应用可以极大程度地保证项目施工效果，另外该技术因为具有较好的协调性、可视化以及模拟化特点，所以能够更加便于对各个工序的施工内容进行调整和优化，有效解决项目施工过程中所存在的问题和不足。可以说在开展项目组织和管理工作的过程中，BIM技术的推广和应用是十分有必要的。

3.1.1 技术内容

1.施工模型深化

施工准备阶段利用BIM技术创建施工现场的模型，需根据施工现场工作分解结构（Work Breakdown Structure，简称WBS）和施工方法对模型元素进行必要的添加、拆分或合并处理，当施工信息不适合作为简单属性添加到模型或模型元素时，可采用关联的方式将模型与施工信息集成。

2.方案优化

利用BIM技术对施工方案进行模拟，对方案合理性进行验证。采用BIM技术，完成施工场地、施工设备、施工方案等各项工序模拟及优化，可模拟多种方案的情况，择优选择方案，并且提高方案编制的质量。

3.数据对比

利用BIM技术对施工方案进行模拟分析、技术核算和优化设计，识别危险源和质量控制难点，通过三维模型导出的BIM数据指导设计优化和现场施工，为项目施工进度提供数据支撑。

4.可视化交底

运用BIM技术对方案模拟交底，提升方案交底效率。

5.施工组织管理

基于BIM技术实现对施工进度、项目数据、项目资料、施工工艺等施工全过程资源配置管理。通过BIM平台实现项目各参建方信息互通与协同管理，同时形成工程项目的数字化管理解决方案，为项目提供数据支撑，实现项目有效决策和精细管理。

6.施工进度管理

应用BIM技术及施工进度计划模型，通过关联各阶段工程量、资金、人力、材料、机械等相关信息，实现项目施工全过程实际进度和计划进度对比、施工偏差实时纠偏与措施处理，保障项目进度目标与经济效应的有效实现。

3.1.2 技术指标

1）基于BIM技术的施工组织管理应结合工程项目的施工方案，对施工过程进行模拟，记录模拟过程中出现的工序交叉及工艺流程中不合理的工序，形成施工方案模拟分析报告及方案优化指导文件。

2）施工组织模拟应根据工程特点、施工内容、工艺选择及配套资源等，明确工序间的搭接、穿插等关系，优化项目工序安排。

3）施工组织模拟中资源配置模拟应根据施工进度计划、合同信息及各施工工艺对资源的需求等，优化资源配置计划，实现资源利用最大化。

4）针对局部复杂的施工区域，应进行重难点施工方案模拟，编制方案模拟报告，并与施工部门、相关专业分包协调施工方案的编制与优化。

5）通过对不同施工方案的模拟分析，对比选择最优施工方案，生成模拟演示视频并将模拟演示视频与施工方案一起提交给施工部门审核。

6）完善优化后的最终版施工方案演示模型，生成模拟演示动画视频等。应提交的成果包括：施工模拟分析报告，包含对不同施工方案中存在的问题分析以及合理的优化建议；可视化资料，包括施工方案模拟视频，模拟视频应包含对重点施工区域和关键部位的工序模拟，准确表达工艺流程。

3.1.3 适用范围

适用于建筑工程项目施工阶段的施工组织等业务管理环节的现场协同动态管理。

3.1.4 工程案例

重庆市城建档案馆新馆库建设项目、国浩中国·重庆十八梯项目、重庆约克北郡三期项目等多项工程中应用、涪陵城区第十八小学校工程、重庆龙湖礼嘉天街项目等多项工程中应用BIM技术在施工组织管理中。下面以涪陵城区第十八小学校工程、重庆龙湖礼嘉天街项目为例简要介绍BIM技术在施工组织管理中的应用情况。

1.涪陵城区第十八小学校工程

1）项目概况

涪陵城区第十八小学校工程位于重庆市涪陵新区民安佳苑安置房公共组团内，总建筑面积13611.57m²，地上四层、局部地下一层，建筑总高度18.6m。包括1号（教学楼）、2号（教学楼）、3号（教学楼）、4号（综合楼）、5号（办公楼）五个单体；基础采用独立基础和旋挖桩，结构类型为装配式框架结构。

2）应用情况

（1）基于BIM模型的5D施工进度模拟管理。在施工过程的进度管理中，需要对整个施工过程进行管理和规划，通过规划可以得到项目的时间进度，将这个时间进度和BIM模型进行匹配，从而得到更具可视化的基于三维模型的施工进度模拟。

（2）施工工艺模拟及技术交底。针对比较复杂的建筑构件或难以二维表达的施工部位建立BIM模型，将模型图片加入到技术交底书面资料中，便于分包方及施工班组的理解；同时利用技术交底协调会，将重要工序、质量检查重要部位在电脑上进行模型交底和动画模拟，直观地讨论和确定质量保证的相关措施，实现交底内容的无缝传递。

和现浇结构相比，装配式结构如何确定施工顺序和流程至关重要，顺序错误就会导致后续的施工工序无法进行，特别是有相互影响打架的位置，构件就无法吊装。项目的总体施工顺序经分析主要影响的关键在于现浇柱是先浇筑还是后浇筑，方案一展示的为先吊装墙板、梁、板，然后再浇筑现浇柱的施工模拟，该方案减少了墙板、梁板的吊装难度，利于构件安装调整。方案二展示的为先浇筑现浇柱，然后吊装墙板、梁、板的施工模拟，该方案有利于梁板支撑体系的稳定性，但在吊装墙板、梁板时难度大，要求精度高。

2.重庆龙湖礼嘉天街项目

1）项目概况

重庆龙湖礼嘉天街项目位于重庆两江新区礼嘉龙塘立交旁，总建筑面积26.67万 m^2，其中地铁联通道建筑面积约0.20万 m^2、北天街建筑面积约11.79万 m^2、南天街建筑面积13.9万 m^2 南北连廊建筑面积约0.78万 m^2。

2）应用情况

（1）进度管理。利用BIM模型的三维可视化，结合项目管理平台的模型轻量化特点，形象地表达每周项目各个施工区域的完成情况以及施工进度计划安排，在项目周进度例会上为项目的施工进度规划提供决策依据（图3.1.4-1、图3.1.4-2）。

图3.1.4-1　周进度模型　　　　　　　　图3.1.4-2　项目管理平台

（2）BIM实施进度节点。依据项目现场土建与机电施工的进度时间节点对BIM建模以及管线综合的时间节点进行规划；对项目整体进度BIM进度进行管控。

（3）施工方案模拟。基于BIM技术，分析扶梯由室外运输至南北天街室内是否需要拆分分段运输的情况（图3.1.4-3）。指导扶梯厂家对长度过长的扶梯进行拆分。尽可能地减少因扶梯分段生产、运输影响所带来的费用。

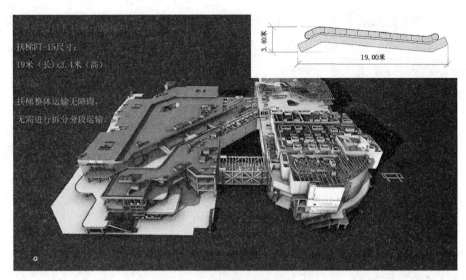

图3.1.4-3　扶梯施工方案模拟

3.2 施工场地布置BIM技术

施工场地布置BIM技术是利用BIM技术可视化、模拟性的特点，全面直观地对施工现场的施工部署、施工组织、施工设施等施工场地信息进行集成，有效地对施工场地布置进行科学合理的分析，以实现在不同施工阶段、不同季节环境、不同施工环境下施工现场的最优化布置。实施过程中，通过BIM技术生成各阶段的场地布置模型，直观地展示项目的施工部署情况，促进各施工部门、工种及专业之间的协同工作，有助于工程人员对施工现场各个区域功能的直观了解，提前熟悉施工流程，预判不合理布置将会导致的问题，以提高施工质量和施工安全，保证施工进度。

编制施工场地布置方案是施工组织设计中至关重要的一环，该方案不仅要契合现场物资使用计划和总体施工进度计划，结合实地勘察情况，还要严格遵守文明施工、安全生产的要求。随着我国建筑工程规模不断扩大，建筑结构和造型愈加复杂，施工组织的编制难度持续升级，高度集成化、信息化的施工场地布置方案已得到业内广泛的认可。目前传统的二维场地布置设计模式无法满足实际施工需求，已逐渐成为制约项目精细化管理与可持续发展的主要因素。BIM技术的出现与完善，改变了传统的设计方法，为施工场地布置的革新带来了新的契机。施工场地布置方案汇集了众多不同专业的信息流，BIM技术既可以通过可视化技术将信息流直观地展现出来，同时其本身也是一个强大的信息集成平台。通过这个平台实现信息的交互、更新及共享，模拟施工各阶段场地的动态变化，实现场地方案的最优布置。

其主要优势有以下几点：

1）与传统方式相比，采用BIM技术进行施工场地布置可以充分利用BIM的三维模型，方便提前看到临时设施的布置效果；准确得到场地道路的关键信息；准确把握塔式起重机等重要施工机械的相关信息，从而更方便实现对各类施工机械的准确布置。

2）运用BIM漫游软件，准确模拟施工现场车辆运行过程中对施工场地道路及临时设施布置的要求，同时实现与其他器械间的碰撞模拟检测并生成碰撞检测报告，从而为施工现场器械的安装提供重要参考，避免非必要的投入。

3）与传统方式相比，采用BIM进行场地布置，操作简单方便，不需要现场人工、机械等配合且不需要消耗任何实物材料和进行相应的实验，施工成本低，效率高。

3.2.1　技术内容

利用BIM技术进行施工场地布置，要进行三维模型构建，使用BIM软件自身的构建库可以实现快速建模。利用BIM软件进行模型构建主要包括以下要素：施工现场的地形、施工现场周边的已有道路和建筑、施工生产以及生活所需设施、施工现场施工及运输路线、施工场地大门等。布置顺序流程为：首先确定塔式起重机的位置；之后依次布置材料堆场、加工场地、运输道路；最后布置办公管理和生活用临时房屋。在完成上述设施布置后，即可根据现场布置进行水电管网的布设。施工生产是一个动态变化的过程，包括实物的变化和信息的变化，因此施工现场的布置会随着工程进度的变化而改变。为减少重复拆装、二次搬运等造成的成本增加，应首先对整体施工阶段进行划分，详列出不同施工阶段所需的设施，利用BIM技术建立三维信息模型关联施工进度计划，并通过施工动态模拟及施工场地的三维漫游，对布置方案进行检查，排除潜在风险，保证方案在施工全过程的流畅、高效及节约。同时可将施工3D模型与施工资源、安全质量等信息关联，实现施工信息动态集成管理。

基于BIM技术的场地方案优化是施工场地布置BIM技术的另一显著优势。传统的二维施工场地布置无法形象直观地反映施工现场的布置情况，加之施工过程具有动态性，使得许多潜在问题无法被发现。利用BIM技术可以有效规避二维场地布置方案的局限性，利用3D模型进行直观的"预施工"，预知施工难点，从而更大程度地消除施工的不确定性和不可预见性。利用BIM技术进行施工场地布置，还能有效实现各施工要素专业信息流的集成整合。汇集不同专业的施工要素，通过BIM模型和软件平台展示出来，并共享给各专业的管理人员，最终实现施工现场的最优布置。

1.主要技术内容

1）施工现场布置宜按塔式起重机→料场、加工厂和搅拌站→运输道路→行政管理和生活用临时房屋→水电管网的顺序布置。场地布置应避免各施工专项之间的冲突、减少二次搬运、保证施工道路畅通，避免道路布置的潜在隐患，避免火灾发生。

2）垂直运输机械的布置。将建筑物BIM模型置入场地中，根据建筑物整体的几何属性、施工方案、场地距离等确定垂直运输机械的类型、数量、位置。通过碰撞检测检查其对周围既有建筑是否产生影响及多个垂直运输机械之间的工作是否协调等问题。

3）料场、加工场、搅拌站的布置。结合BIM施工进度计划编制包括存储空间的需求量、加工场的生产能力等要素的资源需求计划，结合垂直运输机械工作的范围、就近原则等进行料场、加工场、搅拌站的布置。

4）运输道路布置。结合场地外公路的位置，确定运输道路入口，大门、警卫传达亭位置。

5）行政管理及生活用房临时房屋的布置。应遵循办公区靠近施工现场，生活区远离施工现场的原则，按照用工人数的需要将临时设施放在符合要求的区域。

6）基于施工总平面布置模型通过不同视角进行施工场地漫游，对总平面布置方案进行评估比选，确定最优方案。

2.BIM模型技术要求

1）准确且符合相关要求的设计资料、设计模型。

2）准确且符合相关要求的施工组织设计文件、施工图纸、工程项目施工进度计划、可调配的施工资源概况、施工现场勘察报告等。

3）准确且符合相关要求的现场实际勘测信息、现场红线、临时水电管网接入点、道路等基本信息。

4）准确且符合相关要求的施工现场的临时设施、机械设备参数、生产厂家以及相关运行维护信息等。

3.2.2 技术指标

1.应用指标

1）准确模拟现场车辆运行过程中对现场道路宽度及转弯弯度的要求，得到精准的道路位置、宽度及弯度，实现对施工场地道路的精准布置。

2）准确得到塔臂长度、塔式起重机附着杆件角度、塔式起重机附着杆件长度等信息，同时进行塔臂碰撞模拟检测并生成碰撞检测报告，实现对塔式起重机的准确布置。

3）进行施工场地运行模拟，最大限度为场地布置工作提供安全性保障，方便对施工实施和操作标准的检查与监督。

4）有效的施工场地成本控制，无须现场人工、机械等配合且无须消耗任何材料或者进行任何实验，成本低，效率高。

2.评价指标

1）施工总平面布置模型包含场地信息、施工机械设备、临时设施、施工材料堆场等模型内容。输出深化图纸和3D渲染图，指导项目现场的场地布置，提高施工场地的利用率，减少二次搬运量。

2）模型应包含土方阶段、主体阶段、机电安装、装饰阶段的场地布置，并根据项目特点、难点对模型进行调整优化，例如施工道路、安全防护、施工机械、材料堆场、办公区及生活设施等。

3）对于大宗物资、材料及机械进场、场地超期使用等情况，利用施工总平面布置模型分析制定合理的场地资源利用方案。

4）通过BIM工具软件统计各阶段相关工程量，为施工材料堆放提供针对性建议或解决方案。

5）利用施工总平面布置模型判断施工现场消防通道、消防水源设置的合规性，保证施工现场消防安全。

3.2.3 适用范围

适用于各类项目的施工场地布置。

3.2.4 工程案例

公园中学EPC总承包项目、九龙新时代广场、重医附属永川医院新区分院EPC建设项目、龙湖礼嘉核心区项目A49-1地块（商业部分）、重庆铁路口岸公共物流仓储工程总承包（EPC）项目等多项工程中应用BIM技术在施工场地布置中。下面以公园中学EPC总承包项目、重庆铁路口岸公共物流仓储工程总承包（EPC）项目为例简要介绍BIM技术在施工场地布置中的应用情况。

1. 公园中学EPC总承包项目

1）项目概况

工程总建筑面积10万 m²，整个项目包含初中部教学楼、高中部教学楼、宿舍楼、综合楼（食堂、报告厅）、办公楼、实验楼、架空风雨操场、地下车库A区（教师车库）、地下车库B区等。

2）应用情况

（1）基于BIM的场地布置。项目运用BIM技术三维反映施工场地布置（图3.2.4-1、图3.2.4-2、图3.2.4-3），对施工现场的临时设施、各生产操作区域、大型

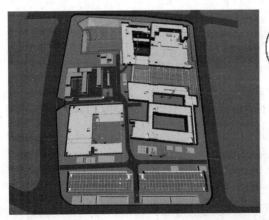
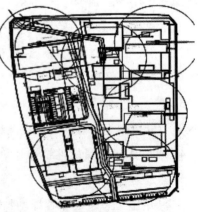

图3.2.4-1 塔式起重机部署

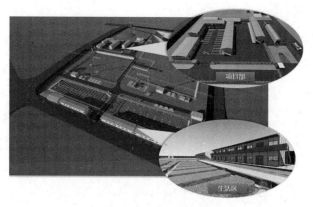

图3.2.4-2 生活区部署

图3.2.4-3 场地转换部署

设备安装、材料堆放场地等，通过3D模型以动态的方式进行合理布局，对施工场地布置方案进行比选和优化。

（2）基于BIM的安全文明施工部署（图3.2.4-4）。项目运用BIM技术对生产性施工设施和生活性施工设施以及建设项目施工必备的安全、防火和环境保护设施，在进场前得到更佳的布置方案且得到事先预演，为后续施工奠定基础，提高施工效

图3.2.4-4 安全文明施工部署

率及质量，从而做到绿色施工、节能减排。

2.重庆铁路口岸公共物流仓储工程总承包（EPC）项目

1）项目概况

项目位于重庆市沙坪坝区西永物流园区，总建筑面积约22万m²，用地面积约360亩，包含仓储区、展示区、综合服务区、堆货卸货区四个功能区，包括1～10号单体楼，并在8～9号楼修建地下一层车库。项目主要以框架结构为主，部分楼栋为全钢结构。

2）应用情况

（1）基于BIM的场地布置（图3.2.4-5）。运用BIM可视化对场地进行推演，模拟了各阶段的场地布置并合理优化，选择最优方案。

图3.2.4-5　BIM场地布置

（2）基于BIM的安全文明施工。采用BIM辅助方式进行安全围栏、标识牌、遮拦网等安全文明施工方案交底，提高交底质量，节省交底时间（图3.2.4-6）。

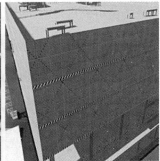

图3.2.4-6　楼梯防护栏杆、临边防护、外防护密目网

3.3 基于地层模型的桩基础施工BIM技术

基于地层模型的桩基础施工BIM技术是指在桩基工程中，利用Revit、Civil 3D等三维建模软件与Dynamo可视化编程软件相互结合的方式，快速提取桩基设计图纸信息、创建地质数值模型，基于模型快速生成桩基设计底标高信息与各类土层开挖量、桩基工程量等数据，解决传统桩基工程建模效率低、数据提取难、易出错的难题，将BIM技术更加深入地应用于桩基工程中。

3.3.1 技术内容

1. 地质模型创建

由于Civil 3D软件不能够直接识别地质勘查报告中地层信息，因此地质柱状图中平面XY坐标、素填土、强风化、中风化等每一种地质岩层标高数据需要进行人工处理，编制地质数据Excel表格。数据统计过程中，例如遇到岩层分布复杂时，对其中等风化各类岩层进行归纳合并，减少Civil 3D软件地质模型曲面易混乱问题。通过Civil 3D软件快速生成地质岩层模型，配合Civil 3D曲面处理功能实现地质实体模型的创建（图3.3.1-1）。

图3.3.1-1 地质岩层建模流程图

2. 桩基础模型创建

创建Dynamo参数化程序，利用桩芯平面XY坐标生成桩基础定位模型，并载入桩基础参变族，通过Dynamo与Excel数据关联，使数据信息反映到模型尺寸上，包括平面坐标点位、桩径、桩长、桩顶标高等信息。将持力层地质曲面模型与桩基础模型进行耦合计算得出预估嵌岩长度，并将数据以Excel表格的形式批量导出，用于指导桩基础施工（图3.3.1-2、图3.3.1-3）。

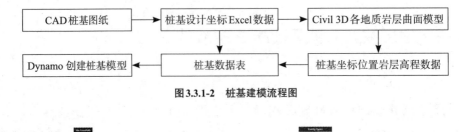

图3.3.1-2　桩基建模流程图

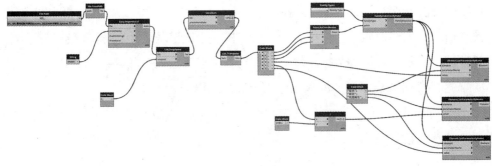

图3.3.1-3　Dynamo程序流

3.模型整合

选择Revit作为模型整合平台，使用Revit材质库功能为地质模型添加真实的材质，进入族编辑模式进行"空心剪切"操作，将桩基模型与地质模型进行重合。通过Revit整合后的模型，使用剖切即可任意查看地质与桩基的信息关联，使隐蔽在地下的结构变得更加直观，便于现场施工作业人员在旋挖成孔过程中更好地判断桩基深度（图3.3.1-4）。

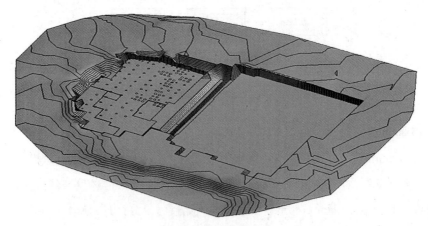

图3.3.1-4　模型整合

4. 数据提取

通过Revit软件即可提取出每一根桩基所有设计信息、持力层高程、桩底标高、桩基在各地质层中的长度等数据，软件通过自动计算便可得到桩基混凝土体积参数。桩基土石方开挖量是其工程造价的重点，通过模型得到各层地质的开挖量，计算土方与石方开挖量，计算土石比，方便现场合理调配机械设备和安排工期，提高了基坑开挖的施工效率。

3.3.2 技术指标

1. 地质数值模型创建

利用Civil 3D软件，快速生成场区内各个岩层的地质曲面，快速创建地质模型。

2. 桩基数据生成

通过桩基设计坐标参数数据，导入Civil 3D软件中的地质曲面模型，桩基信息与地质曲面模型进行耦合，获取桩基础在各类岩层曲面高程。

3. 桩基模型创建

通过Civil 3D软件生成的数据，利用Excel Vlookup函数整合桩基数据，通过Dynamo可视化编程技术将桩基数据快速创建为数值模型。

4. 数据提取

通过Dynamo编程将地质模型与桩基模型的整合，通过Revit明细表功能快速统计土方分层开挖工程量、桩基工程量，可视化桩基与岩层分布。桩基工程参数化建模流程见图3.3.2-1参数化建模流程图。

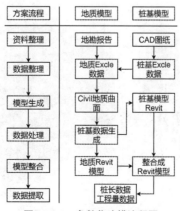

图 3.3.2-1　参数化建模流程图

3.3.3 适用范围

适用于涉及桩基础的建设工程项目。

3.3.4 工程案例

重庆市城建档案馆新馆库建设项目、福建莆田雅颂居项目、重庆约克北郡三期项目等多项工程中应用BIM技术在地层模型的桩基础施工中。下面以重庆市城建档案馆新馆库建设项目、福建莆田雅颂居项目为例简要介绍BIM技术在地层模型的桩基础施工中的应用情况。

1. 重庆市城建档案馆新馆库建设项目

1）项目概况

工程由F62-1-1、F62-1-2两个地块组成，建设用地总面积约3.635万 m^2，总建筑面积约11.22万 m^2。由9栋塔楼、6栋交通体、2层裙房和8个钢连廊组成，地上8层、裙房2层，主要功能为档案库房、办公区、展示区、报告厅、机房、连廊、车库等配套设施，装配率达69.96%。

2）应用情况

基于地层模型的桩基础施工BIM技术。工程在Civil 3D中根据工程地质柱状图创建持力层地质模型（图3.3.4-1），耦合桩芯平面坐标后生成并导出三维坐标点，利用Excel函数计算建议桩长，用Dynamo参数化创建桩基模型，为施工过程提供

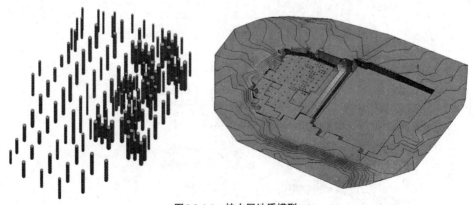

图3.3.4-1　持力层地质模型

强力支撑。

2.福建莆田雅颂居项目

1）项目概况

项目建设用地面积约9.7万 m²，建筑面积约35万 m²，建筑密度约为12.8%，楼间距约在60～110m，容积率约为2.8。结构形式为框架——剪力墙结构，包括地下室、会所、商区、住宅、公共社区用房。项目共规划20栋住宅，除15号楼27层之外，其余的均为31～32层。

2）应用情况

基于BIM的辅助桩基施工技术。项目BIM辅助桩基施工技术，应用BIM软件API（Application Programming Interface，应用程序编程接口，简称API）完成地质勘探数据、桩基数据的快速读取和自动建模，并据此完成工程桩桩长的自动计算，大大节省了桩基设计的速度，BIM模型具有形象直观的特点，确保了计算的可靠性。基于地质模型和工程桩模型（图3.3.4-2、图3.3.4-3），构建桩基施工数据库，

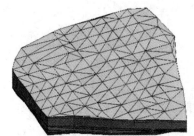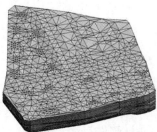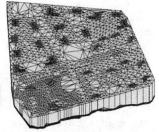

图3.3.4-2　地质模型示意图

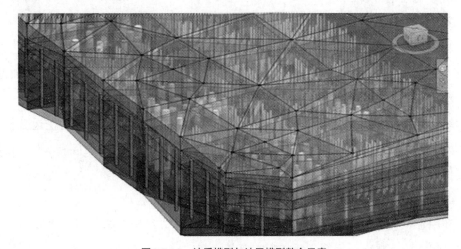

图3.3.4-3　地质模型与地层模型整合示意

并通过微信小程序收集现场施工数据，利用BIM模型完成现场施工状态的动态模拟，有效提高了项目管理的时效性和有效性。

3.4 土方工程施工工艺模拟BIM技术

土方工程施工工艺模拟BIM技术是指通过综合分析土方开挖量、土方开挖顺序、开挖机械数量安排、土方运输车辆运输能力、基坑支护类型对土方开挖要求、现场道路环境及其他因素，优化土方工程施工工艺，并进行可视化展示或施工交底。运用BIM建模的方法模拟土石方的开挖与回填，让人直观有效地开展土石方的挖运分析与运算，能做到土方平衡计算的精确化与精细化，并且极大节约沟通成本，对项目成本管控能发挥重要作用。

3.4.1 技术内容

1.倾斜摄影技术

利用无人机低空航拍生成的密集点云数据，通过航线规划、像控点测量、航空摄影等步骤获得航片数据，通过软件自动化处理，通过对齐照片、建立密集点、生成网格等流程导出数据。

2.土方工程量计算

基于场地、土方模型进行工程量计算，提高BIM模型的利用率，减少算量人员的投入，提高工程量计算效率，为投资管理、进度管理和移交管理提供工程量数据。

3.土方平衡分析

运用BIM技术模拟土石方开挖与回填，直观有效地开展土石方的挖运分析与运算，做到土方平衡计算的精确化与精细化，节约沟通成本，对项目成本管控发挥重要作用。

4.施工方案优化

利用BIM技术对传统施工方案的可行性进行模拟核验，施工过程中实时监测土方工程的施工状态，根据土质情况对开挖方式和放坡系数进行调整。

5.土方工程施工模拟

利用土方模型结合土方机械模型（挖掘机、运土车等），模拟单位运土车的土方铺设顺序，结合施工进度模拟现场车辆运行路线、路线碰撞等信息，并在此信息上不断优化施工方案、解决了施工方案、施工交叉、施工冲突等问题。

3.4.2　技术指标

1）土方工程施工工艺模拟指标应符合国家、行业和地方的现行标准中的相关规定。

2）BIM模型应包含坐标信息、场地设计标高、用地红线、道路红线、建筑控制线、原始地形表面、场地道路、场地范围内既有管网、场地周边主干道路、场地周边主管网、挖填土方工程量等信息。

3）工程量统计。基于BIM模型及工程的设计要求，确定土方工程开挖的范围、深度，通过三维模型及时反馈出开挖的土方数据结果。

4）工艺模拟。综合分析土方开挖量、开挖顺序、机械施工安排、运输车辆运输能力、基坑支护类型对土方开挖要求、现场道路环境及其他因素，优化土方工程施工工艺，并进行可视化展示或施工交底。

5）土方平衡。根据施工组织的顺序，利用BIM技术综合考虑建筑布局、土方开挖及回填、场地道路等因素，统计各个时序、各个区域土方挖填量，对场地进行必要的土方处理，以使土方量填挖尽量达到平衡。

6）场地布置。结合场地周边环境和内外道路运输位置，确定施工大门、办公区及生活区的布置，根据土方开挖位置完成内部运输道路的转换。

7）排水模拟。利用BIM技术模拟地表雨水流向，计算分区雨水量，使自然水体、人工水体及外部水系相连通，及时导出过剩雨水。

3.4.3　适用范围

适用于建筑工程的土方工程中的平场，基坑（槽）开挖，地坪填土，路基填筑及基坑回填土等环节的现场协同动态管理。

3.4.4 工程案例

黄岩旅游周转中心及配套旅游基础设施垂直观光电梯建设工程、新南立交工程，金科照母山项目B5-1/05地块二标段工程等多项工程中应用BIM技术在土方工程施工工艺模拟中。下面以黄岩旅游周转中心及配套旅游基础设施垂直观光电梯建设工程、新南立交工程为例简要介绍BIM技术在土方工程施工工艺模拟中的应用情况。

1.黄岩旅游周转中心及配套旅游基础设施垂直观光电梯建设工程

1）项目概况

项目位于巫山县建平乡黄岩村，电梯框架主体为中心支撑钢框架结构，电梯总建筑高度205m，主要结构为钢结构，钢结构总重量约6500t。185m标高通道采用压型钢板与混凝土组合楼面，结构类型为钢结构，由180根六种长度不规格箱型柱及三种长度不规格H形钢梁栓焊连接组成。

2）应用情况

（1）项目利用BIM技术分析土方开挖量、现场道路环境及其他因素，通过BIM综合管理平台，对现场物资、安全、质量等进行线上协同管理，极大地提高了各部门沟通效率，实现精细化管理。

（2）采用BIM技术对模型进行参数化建立和调整，通过碰撞检查、受力分析对复杂节点进行深化设计，避免施工环节返工，既节省时间和成本，又能保证施工效率。

（3）通过BIM模型，快速调取模型信息，可以很容易地实现材料清单、工程量统计表、零部件汇总表的自动化，节省大量的劳动力。

（4）利用3D打印技术，等比缩放打印构件作为样板进行现场交底和展示，使施工人员更加直观地理解图纸和设计意图及质量管控要点（图3.4.4-1、图3.4.4.-2）。

2.新南立交工程

1）项目概况

新南立交工程位于重庆两江新区的核心区域内，是星光大道和新南路相交形成的节点。立交形式采用星光大道下穿现状平交层，保留中间现状道路，新南路上跨高架桥，形成完整的三层菱形立交。施工实施范围东起新牌坊立交西至余松路立交，

图3.4.4-1 地貌模型示意图

图3.4.4-2 施工模拟示意图

高架桥段为上跨龙湖西路、星光大道、西湖路、青枫南路四个路口现状平交层。

2）应用情况

（1）项目采用BIM可视化技术，根据其可视化的特点可以直观地观察到土方工程的施工状态，可以随时根据土质情况以及开挖方式对放坡进行调整和变换，此外，还可以根据其可视化的三维模型对施工人员进行更全面的技术交底。

（2）由于工程进行了施工方案的调整，将原有的施工方案调整为土方大开挖的施工方案，所以需要对此方案进行重新布置。首先，进行土方大开挖下口控制边线的确定，就是沿着基础垫层外皮生成CAD多段线，并将工作面确定为向外偏移

300mm的位置；其次，进行大开挖基坑底标高的确定，主要通过下口控制边线进行基坑大开挖土方的生成和确定，在此工程中基坑底标高确定为-1.9m，所以土方开挖高度则为1.9-0.45=1.45m。而且在此工程中采用正铲挖掘机进行坑内作业时确定放坡系数为0.5，并可以随时进行调整。当放坡系数确定之后，就可以通过BIM技术的可视化功能对大开挖的形状和边坡放坡的情况进行观察（图3.4.4-3、图3.4.4.-4、图3.4.4-5）。

图3.4.4-3 地下管网开挖村户示意图

图3.4.4-4 超大跨度无支架悬臂钢筑梁吊装示意图

图3.4.4-5 无人机倾斜摄影

3.5 模板工程施工工艺模拟BIM技术

模板工程施工工艺模拟BIM技术是指将BIM技术与周转材料管控结合起来，对模板工程进行三维可视化设计，对构件进行安全验算、输出计算书，优化模板专项施工方案，减少模板的切割损耗量，结合工程量对施工流水段进行调整，提高模板周转次数，从而有组织地进行模板工程施工。

模板工程施工工艺模拟应优化模板数量、类型，支撑系统数量、类型和间距，支设流程和定位，结构预埋件定位等。超过一定规模的危险性较大的模板工程及支撑体系宜模拟模架受力情况以及方案的可操作性，应作出安全性、经济性评价，并应根据模拟结果优化施工工艺。

3.5.1 技术内容

1.配模方案优化

结合BIM结构模型，对模板进行快速配模，对梁、板、柱等尺寸及编号设计出配模图，优先对整块模板进行布置，合理切割使用、减少模板的切割，降低模板损耗量，结合周转材料工程量对施工流水段进行调整，提高模板的周转次数和效率，优化资源配置。

2.工程量计算

根据施工阶段分别创建模板构件明细表，通过阶段的划分与各阶段模型的创建，可形成各阶段周转材料工程量清单，分别统计BIM模型中各材料的用量，例如模板面积、钢管长度、木方体积、扣件数量等，实现模板工程的精细化管理。

3.专项施工方案优化

利用BIM模型快速导出支撑体系平面布置图、节点图、剖面图，同时直接导出方案书和计算书，辅助施工方案编制、验证、分析等，为构件安全验算提供数据支撑。

4.可视化交底

结合BIM结构模型，对模板、支撑体系进行快速布置，利用三维可视化模板对重难点及复杂部位进行施工工艺交底，使作业人员对施工工艺流程和质量要求有直观的视觉理解。

5.工艺模拟

通过对模板工程施工全过程进行模拟，形成交底模型和工艺模拟视频，对模板的配模要求、支模架搭设的搭设方式、搭设间距、扫地杆、扣件、顶托的设置要求进行详细介绍，从而确定合理的施工方案来指导施工。

3.5.2 技术指标

1）模板工程施工工艺模拟BIM技术指标应符合国家、行业和地方的现行标准中的相关规定。

2）BIM模型应包含模板、木方、紧固件、临时支撑等构件信息，确定模板配模平面布置及支撑布置，标注出不同型号、单块模板尺寸、平面布置规格、数量及排列尺寸的形式及间距。

3）模板工程施工工艺模拟应确定模板数量、类型、支撑体系搭设顺序和定位等信息。

4）模板工程应对复杂节点部位进行优化，确定节点与各构件之间的连接方式、空间要求和施工顺序。

5）模板工程施工工艺应用，应将施工工艺信息与模型关联，输出资源配置计划、施工进度计划等对施工进行指导。

6）模板工程施工工艺模拟应综合分析支撑体系的组合形式、搭设顺序、安全网架设、连墙杆搭设、场地障碍物等因素，优化模板工程方案。

7）在进行施工模拟过程中，应及时记录模拟过程中出现的工序交接、施工定位等问题，形成施工模拟分析报告指导项目施工。

3.5.3 适用范围

适用于建筑工程施工阶段的模板加工、安装、支撑及拆除等动态过程管理。

3.5.4 工程案例

涪陵高山湾综合客运换乘枢纽及附属配套设施工程总承包（EPC）工程、汕头龙溪路泰华工业城泰逸豪庭、水市巷工程、江津区滨江商务大厦工程等多项工程中应用BIM技术在模板工程施工工艺模拟中。下面以涪陵高山湾综合客运换乘枢纽及附属配套设施工程总承包（EPC）工程、汕头龙溪路泰华工业城泰逸豪庭为例简要介绍BIM技术在模板工程施工工艺模拟中的应用情况。

1.涪陵高山湾综合客运换乘枢纽及附属配套设施工程总承包（EPC）工程

1）项目概况

涪陵高山湾综合客运换乘枢纽及附属配套设施工程位于重庆市涪陵区崇义街道高山湾，是涪陵区"3151"交通枢纽专项任务之一，是集长途客运、公交客运于一体的综合性一级客运站。项目占地面积71997m²，总建筑面积为55374.7m²，设置有长途站、公交站、连廊、室外停车广场等功能区域。

2）应用情况

（1）模架工程优化。快速准确识别高支模部位，快速形成专项方案计算书，以避免重大危险源识别漏、错、慢的问题；对多种拼模方案进行对比与分析，优化拼模方案，准确统计钢管和模板等周转材料，并与施工进度结合，制定材料供应计划，加快周转，节约成本，减少堆放和浪费。

（2）进度优化。基于BIM技术多方案对比合理划分施工段，将各构件的三维信息、时间、工程量相关联，制定更为合理的项目进度计划，增加模板的重复利用率，降低临时设施的闲置率（图3.5.4-1、图3.5.4-2、图3.5.4-3）。

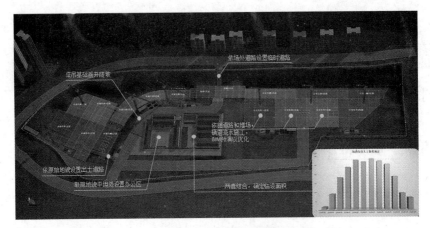

图3.5.4-1　进度优化示意图

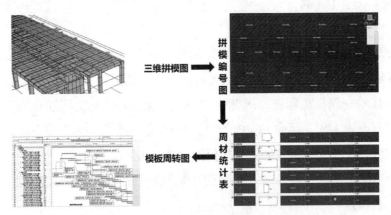

图3.5.4-2　模板配模优化示意图

图3.5.4-3　模架方案优化示意图

2.汕头龙溪路泰华工业城泰逸豪庭

1）项目概况

汕头龙溪路泰华工业城泰逸豪庭工程项目位于汕头龙溪路泰华工业城，由1幢8层、2幢18层的带电梯住宅楼组成，为框架剪力墙结构，楼盖均为钢筋混凝土梁板体系。总占地面积为12154.2m²，总建筑面积为63606.97m²，两层地下室建筑面积为16580m²。为保证混凝土内实外光，严密不漏浆，板、梁侧模板采用18mm厚胶合板，梁底模板采用20mm厚松木板。

2）应用情况

（1）模板工程拟采用钢管架支撑系统，根据荷载最不利组合，选取部分较典型的主梁板面进行模板支撑设计，并制定出模板施工方案。严格按设计图纸做模坯，安装准确。要求板面平整，梁底平直，梁壁垂直，通长顺直，达到规范要求。固定在模板上的预埋件、预留钢筋、预留孔洞安装必须牢固，位置准确。经复核无误后，才能隐蔽。

（2）安装柱模板前，先在模板下口钉上海绵条，再组装模板。校正后，再安装柱箍，柱箍安装应水平。按照放线位置安装好压脚板，把预先制作好的模板自下而上安装。模板之间用Φ14螺栓连接紧固，间隔为30cm。柱边长大于700cm，中间应用对穿螺栓连接紧固（水池墙、外墙要用止水螺栓）。然后安装柱模的拉杆和斜撑，拉垂线对直。

拉杆和斜撑的支点要牢固可靠，与地面的夹角一般不大于45°。安装完毕后，应检查各支撑的牢固，然后拉垂线调垂直，混凝土浇筑过程应经常测量复核垂直度。预防混凝土振捣时，紧固螺栓松动及错位。

3.6 脚手架施工工艺模拟BIM技术

脚手架施工工艺模拟BIM技术是指利用BIM建模软件对所设计的脚手架进行三维模型绘制，然后使用BIM模拟软件对脚手架模型编辑，建立针对悬挑脚手架的施工可视化分析模型。通过制作悬挑脚手架施工模拟动画，形象地展现出项目的搭设全过程和各施工阶段的工程状态，实现了基于BIM技术的施工动态分析，最后，利用虚拟现实技术，将脚手架模型导入虚拟仿真环境中，编辑任务逻辑，进行交互设计，实现脚手架的虚拟装配过程。

3.6.1 技术内容

1.可视化交底

结合BIM模型，对脚手架进行快速布置，利用三维可视化对重难点及复杂部位进行施工工艺交底，使作业人员对施工工艺流程和质量要求有了直观的视觉理解。

2.工程量计算

根据施工流水段分别创建脚手架构件明细表，通过阶段的划分与各阶段模型的创建，分别统计钢管脚手架、扣件、工字钢等构件的用量，形成各阶段工程量清单，实现项目施工的精细化管理。

3.专项施工方案优化

利用BIM模型快速导出脚手架搭设的平面布置图、节点图、剖面图，同时直接导出方案书和计算书，辅助施工方案编制、验证、分析等，为脚手架的安全验算提供数据支撑。

4.工艺模拟

通过对脚手架施工全过程进行模拟，形成交底模型和工艺模拟视频，对脚手架的搭设方式、搭设间距、扫地杆、扣件及顶托的设置要求进行详细介绍，从而确定合理的施工方案指导施工。

5.标准化族库

结合自身企业文化，形成企业标准化模型库，提升周转，降低损耗，为建筑施工安全标准化管理提供支持。

3.6.2 技术指标

1）脚手架施工工艺模拟BIM技术应符合国家、行业和地方的现行标准中的相关规定。

2）脚手架施工工艺模拟应确定脚手架搭设位置、数量、类型、尺寸和受力信息，有效控制脚手架的施工质量，提高施工效率和质量。

3）脚手架施工工艺模拟应综合分析脚手架组合形式、搭设顺序、安全网架设、连墙杆搭设和场地障碍物等因素，优化专项施工方案，并进行可视化展示和施工交底。

4）利用BIM模型进行脚手架族库建立，可对各个脚手架单元节点族进行编码以及相关脚手架进行编码，相同的单元完成，单个节点族布置之后便可进行模块化布置。

5）利用BIM技术进行施工现场脚手架组成材料运输及现场堆放模拟，堆放集中，优化劳动量，降低工程成本，提高安全文明绿色施工。

3.6.3 适用范围

适用于采用脚手架的建筑工程。

3.6.4 工程案例

金科照母山项目B5-1/05地块二标段工程、重庆文旅城室外主题乐园项目、重庆龙湖礼嘉天街项目等多项工程中应用BIM技术。下面以金科照母山项目B5-1/05地块二标段工程、重庆文旅城室外主题乐园项目工程为例简要介绍BIM技术在脚手架施工工艺模拟中的应用情况。

1.金科照母山项目B5-1/05地块二标段工程

1）项目概况

项目位于重庆市金州商圈核心区域，总建筑面积18.8万 m^2，汇集中心高层、写字楼、SOHO公寓、全球化商业，引进豪华五星级新金科大酒店，引入了LEED（Leadership in Energy and Environmental Design，能源与环境设计认证，简称LEED）和WELL（WELL Building Stand是全球首部针对室内环境提升人体健康与福祉的建筑认证标准，简称WELL）评估体系，由地下车库、酒店、多层商业、超高层写字楼组成。

2）应用情况

（1）BIM脚手架管理应用

依据楼座的总层数、总高度，考虑分几次悬挑来划分悬挑楼层。悬挑高度宜按规范规定进行，且超高部分要进行专家论证。但通过日常的施工管理来看，诸多不可避免且较难预控的问题会在超高悬挑脚手架管理中更为突出，对施工安全不利。例如主体结构施工阶段连墙件的设置与维护，单或双扣件的设置质量，保险绳的安装质量，装修阶段连墙件的全数保留，刮风对脚手架稳定性的影响等，都存在一定管理难度。因此，经实践得出的规范中的高度十分可行，悬挑脚手架的高度应尽可能控制在20m内，从而利于操作和管理。

（2）BIM脚手架现场管理

利用BIM技术进行施工现场脚手架组成材料运输及现场堆放模拟，保持现场整洁，堆放集中，优化劳动量，降低工程成本，避免凌乱丢失，做好安全文明绿色施工（图3.6.4-1、图3.6.4-2）。

图3.6.4-1 工艺样板示意图

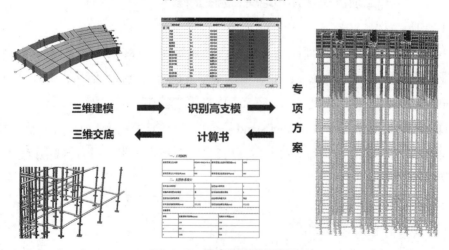

图3.6.4-2 模架方案优化示意图

2.重庆文旅城室外主题乐园项目工程

1）项目概况

重庆文旅城室外主题乐园位于重庆市中心西北面沙坪坝区土主镇境内，乐园总占地面积45万 m^2，总建筑面积9.36万 m^2，世界级室外主题乐园将为市民带来和重庆历史文化高度结合的江州山城、麻辣时光、三峡传奇、巴渝古国、神秘山谷等五大原创主题游乐区。在这里，大小单体共计89个，14台特大型主题设备、38台特色主题设备也将成为西部游乐园中游玩项目最为丰富，且最具文化特色的主题乐园。

2）应用情况

（1）利用BIM模型进行脚手架族库建立，可对各个脚手架单元节点族进行编码，以及相关脚手架进行编码，相同的单元完成，单个节点族布置之后便可进行模块化布置，相同或通用节点也可在完成单个布置之后设置成整体模块，加快后期搭设布置的效率。运用免费生成的二维码，对于编码进行二维码绑定，完成现实与虚拟的结合，实现进度同步、方便定位、技术交底、施工、检查等。

（2）针对盘扣式脚手架施工过程中可能出现的重难点，利用BIM技术中可视化的功能，将关键点部位以三维立体效果的方式显示出来，预先发现施工作业中有可能出现的问题。在建立盘扣式脚手架支撑体系三维立体模型的时候，BIM技术软件能有效避免盘扣立杆支撑件与墙体或柱子发生冲突的情况。将盘扣式脚手架施工设计方案与BIM技术结合起来，便于编制和分析整个施工设计方案，也有利于现场施工人员熟悉高支模搭设工序及工艺。通过盘扣式脚手架模型的三维立体图像的演示，从而提升施工进度。

3.7 大型设备及构件安装施工工艺模拟BIM技术

大型设备及构件安装施工工艺模拟BIM技术是以BIM技术为手段，利用BIM模型可视化、可模拟的特点，将大型设备及构件安装的施工工序、资源需求量（作业人员、物料、机械等）、工作区域划分等方面在工程实施前进行模拟，制定最佳施工方案，提高工序的合理性和施工效率。

3.7.1 技术内容

1.施工工序

提前制定构件安装的施工顺序，利用BIM技术进行可视化模拟，直观地对施工工序的合理性进行评估，不断调整和优化施工顺序，直至制定最合理的工序。

2.工作区域划分

根据场地条件，结合工期要求，对部分工艺的工作区域进行划分，在本项施工工序完成后即转移至下一施工区域，下一项施工工序及时跟进，通过工艺模拟，制定合理的区域划分，以实现节约时间、方便施工。

3.主要步骤

①按照设计参数进行建模；②制定施工方案，根据工序施工顺序对模型进行拆分；③根据施工方案对大型设备及构件进行工艺模拟；④对施工工艺模拟的合理性进行评价，选择最优施工工序。

3.7.2 技术指标

1.模型搭建

施工工艺模拟模型的细度要求较高，所有需要表达的工艺场景均需建立模型，推荐采用实体与模型1:1的建模规则，部分工艺可按比例扩大进行建模，以便准确表达。

2.施工顺序

提前制定施工方案，根据施工方案确定构件安装的顺序，初步拟定一个模型构件拆分要求，对模型进行拆分。

3.模型拆分

工艺模型的创建需根据工艺表达进行合理拆分，每一个工序对应的模型应该是一个独立的构件，不能是一个整体的块，否则不能对具体细节的施工过程进行准确表述。

4.数据成果

施工工艺模拟的成果可以是视频、模型、图片以及交互式文件等。

3.7.3 适用范围

适用于具有大型设备及构件安装施工的建筑工程项目。

3.7.4 工程案例

重庆来福士广场项目、威海国际经贸交流中心项目、重庆江北机场T3B航站楼项目、重庆解放碑时尚文化城项目、重庆龙兴足球场项目等多项工程中应用BIM技术在大型设备及构件安装施工模拟中。下面以重庆来福士广场项目、威海国际经贸交流中心项目为例简要介绍BIM技术在大型设备及构件安装施工工艺模拟中的应用情况。

1.重庆来福士广场项目

1)项目概况

重庆来福士广场项目位于长江嘉陵江两江交汇的朝天门，总建筑面积约63万m²。是一个集住宅、办公楼、商场、服务公寓、酒店、餐饮会所于一体的城市综合体。工程项目南北长约264m、东西宽约125m，其中3层地下室、6层裙楼、T3N塔楼350m，T1、T2、T3S塔楼220m。项目建筑耐火等级一级，地下室防水等级一级，防水混凝土的设计抗渗等级为P8，屋面防水等级I级。

设计为乙类建筑，砌体采用加气混凝土、页岩多孔砖，防水采用水泥渗透结晶。工程集住宅、酒店、商业、办公于一体，同时与高架桥、港务码头、公交站枢纽、轨道交通接驳，建成后将成为全球最大的来福士广场，是西南地区的新地标。

结构设计为型钢混凝土框架核心筒＋伸臂桁架结构，其中T3N塔楼外框楼板为钢结构＋组合楼板，裙房局部屋顶设计为鱼腹式钢结构。

2)应用情况

工程安装系统功能复杂，主要包括防排烟系统、空调系统、热水系统、污水系统、消防水系统、消防电系统、动力系统、正常照明系统、应急照明系统、防雷接地系统、弱电系统、楼宇自控系统等，规模大、功能齐全，专业间的协调配合要求非常高。

（1）大型设备及构件安装工艺模拟可综合分析墙体、障碍物等因素，优化确定对大型设备及构件到货需求的时间点和吊装运输路径等，并可进行可视化展示或施工交底。

（2）采用BIM技术，对项目大型设备及构件安装施工工艺模拟（图3.7.4-1）。

（a）　　　　　　　　　　　　　　　（b）

图3.7.4-1　大型设备安装施工工艺模拟

2.威海国际经贸交流中心项目

1）项目概况

威海国际经贸交流中心项目选址于东部滨海新城核心区，逍遥湖西侧，北邻环海路，西邻逍遥大道，南邻松涧路，通山达海，山海相融。项目规划建设内容包括会展中心、人居中心、国际交流中心、五星级酒店及商务酒店区。项目分两大区域，会展综合区和会议人居区，总建筑面积约32万 m^2。会展综合区包含多功能展厅、标准展厅、登陆厅、会展廊等部分；会议人居区包含国际会议中心和人居中心两部分。

2）应用情况

（1）通过BIM软件建立构件信息、节点做法、安装措施、安全防护等虚拟样板并生成二维码，在移动端直观、方便地对各个环节人员进行施工各阶段安全技术教育与交底，有效预防质量通病（图3.7.4-2）。

（2）利用BIM技术模拟多功能展厅、会议中心、标准展厅大跨度张弦梁、高钒索张拉等施工过程，同时对设备行走路线、临时支撑措施、构件安装顺序进行模拟，提前找出施工中可能遇到的各种问题，对各项施工方案进行比选，确定最经济且安全的施工方案（图3.7.4-3）。

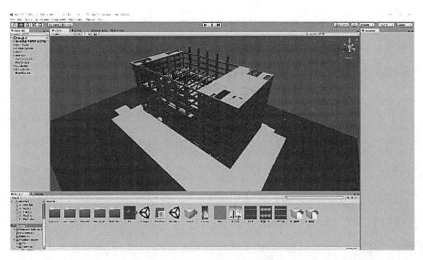

图3.7.4-2　安装施工工艺模拟

图3.7.4-3　施工工艺模拟

（3）装配式厂房构件数量多，构件吊装质量决定整个项目质量。在正式施工前借助BIM技术对构件吊装过程进行仿真模拟，再根据结果对吊装方案和吊装流程进一步优化，确保构件准确、高效吊装。预制梁两端均有外部出筋，在柱顶处，4根梁的外部出筋上下错开搭接，若直接进行吊装，会因构件安装次序不正确导致返工，造成劳动力浪费和工期增加。借助BIM模型进行安装模拟，确定正确的安装次序，与施工人员作好交底，确保现场安装一次成功。此外，通过吊装仿真模拟将吊装过程中可能存在的安全隐患暴露出来，以便管理人员提前采取预防措施，避免安全事故。

3.8 复杂节点施工工艺模拟BIM技术

复杂节点施工工艺模拟BIM技术是指利用BIM技术可视化、可模拟等特点，通过BIM技术对复杂节点建模，并依照方案进行反复模拟调整，解决空间上各类构件的位置关系、施工工序等不易确定的难点，提前发现实际施工过程中可能出现的问题，或者解决已经出现的问题，辅助项目对复杂节点进行问题分析及实施技术方案的选择，使施工方案更加明确及细化，符合现场实际情况。

3.8.1 技术内容

1.复杂节点建模

将复杂节点处每一个构件按照其排布规则建立深化模型，根据施工方案的文件和资料，针对施工中的重难点，把技术、管理等方面的施工过程信息添加至模型中，形成节点施工深化模型。可以生成VR/AR/MR（Mixed Reality，混合现实，简称MR）可执行文件或视频展示文件，也可用于对施工管理人员及操作人员进行可视化技术交底。

1）钢筋部分

制作流程大致为：建立复杂节点结构各构件钢筋模型→确定节点处钢筋调整规则→对钢筋放置顺序和钢筋放置位置进行优化→验证钢筋摆放规则可行性→整理调整后验证可行的规则→形成节点深化成果→将节点深化成果编入施工交底书。

2）钢结构部分

针对钢结构工程本身的柱脚节点、支座节点、梁柱连接节点、梁梁连接节点、支撑与柱或梁的连接节点、管结构连接节点等复杂节点。

应考虑工厂加工工艺和现场安装能力、施工工艺技术要求等内容，尽量在设计单位提供的节点设计基础上进行模型扩展，一般应对各节点进行现场拼接、节点连接计算、焊缝强度验算、螺栓群验算、节点设计的施工可行性复核、结构有限元模型验算、钢构实体各预留构件位置定位（预留洞口、套筒、螺栓）。

2.模型应用

1）节点碰撞检查

在复杂节点处往往存在钢筋密集、钢结构复杂的情况，容易出现碰撞。通过软件对节点施工演示模型分专业进行冲突碰撞检测，得出相应的冲突检测报告，列出节点存在的问题，例如图纸错漏、管线与建筑结构碰撞及施工安装空间不足等。

2）三维图审

通过碰撞检查形成的问题报告，逐个排查筛检，提前模拟，将深化周期前移。通过三维局部审查和剖面间距核实等手段，反复与设计单位沟通和修改调整，并形成书面的修改、优化意见，实现优化构件排布，以保证节点处系统功能，提升后期使用感观效果，避免因相关问题造成的工期延误。

3）重难点施工方案模拟

结合工程项目的施工工艺流程，在施工图设计模型或深化设计模型的基础上附加施工工艺、施工顺序等信息，充分利用建筑信息模型对方案进行分析和优化，对施工过程演示模型进行施工模拟、优化，选择最优施工方案，生成模拟演示视频，可实现施工方案的可视化交底，提高方案审核的准确性。

制作流程大致为：总体策划→编写解说词→细化动画脚本、材质编辑→动画渲染→录制解说词→后期剪辑合成→保存输出文件→动画验收→整理可复用资源。

3.8.2 技术指标

1.模型应用

1）三维审图

节点深化后需要进行设计变更的应形成书面的设计方案修改、优化意见。

2）工艺模拟动画

（1）建筑成品的大场景要安排在所有动画之前；

（2）可重复利用的场景、模型只制作1次；

（3）尽量将连贯性的、相似性的动画片段分给同一个人，提高效率、减少制作冲突；

（4）加强各关联片段制作人员之间的沟通与协调，确保动画的准确性，同一分工人员要注意各成员的特长，分工最小单位不一定是片段，也可能是片段中的某个要素；

（5）按照流水作业原理分工，合理安排时间、工序，提高制作效率。

3）技术方案VR/AR/MR呈现

内容应包括不限于：技术方案对应的施工模型元素及信息、几何信息（位置、几何尺寸或轮廓、材质等）、非几何信息（技术规格、力学性能等）。

成果应包括不限于：技术方案BIM模型场景、VR/AR/MR可执行文件或链接、视频。

3.8.3 适用范围

适用于具有复杂施工节点、重难点施工内容、多专业交叉协调管理的建筑工程项目。

3.8.4 工程案例

重庆江北国际机场T3B航站楼及第四跑道工程T3B航站楼施工总承包工程、北京市地铁维修库及住宅开发项目、重庆来福士广场项目、重庆万达茂项目、重庆解放碑时尚文化城项目、重庆龙兴足球场项目等多项工程中应用BIM技术在复杂节点施工工艺模拟中。下面以重庆江北国际机场T3B航站楼及第四跑道工程T3B航站楼施工总承包工程、北京市地铁维修库及住宅开发项目为例简要介绍BIM技术在复杂节点施工工艺模拟中的应用情况。

1. 重庆江北国际机场T3B航站楼及第四跑道工程T3B航站楼施工总承包工程

1）项目概况

重庆江北国际机场T3B航站楼及第四跑道工程T3B航站楼施工总承包工程设计新颖，结构复杂，地下有APM（Automated People Mover System，自动旅客捷运系统，简称APM）系统、综合管廊系统，工程整体采用密肋空心楼盖、有粘结和缓粘结预应力混凝土梁板结构、劲性结构、钢管混凝土柱、大跨度钢网架结构，高大空间多，形式多变。工程为大型公共交通建筑，具有地上层数少、单层面积大的特点，总建筑面积约35万㎡，玻璃幕墙面积约10万㎡，金属屋面面积约15万㎡。作为全球最大吞吐量单体卫星厅，将满足年旅客吞吐量3500万人次，从立项开始即深受社会各界广泛关注，各方影响较大。施工期间，原有江北机场T3A处在正常运营状态，现场必须围绕人员教育、灯光管控、通信及电磁信号、限高管控等方面采取措施，确保机场的正常运营安全。工程建设目标为打造"平安、绿色、智慧、人文"的世界一流"四型机场"，创建国家绿色建筑三星，设计理念先进，四新技术应用多。幕墙、钢结构、飞行区站坪工程、捷运（APM）系统、行李系统设备安装工程等施工协调配合难度大，专业分包多。

2）应用情况

（1）传统技术交底是纸质版的，同时复杂节点部位又错综复杂，工人不易接受，造成施工中成品和方案不一致的事件很多，因此会造成很多返工、重做等，从而造成成本增加。工程中我们利用BIM技术，可通过创建三维模型，附加相应的标注、文字等描述，同时利用剖面和视点等，查看动态的三维模型，最终用施工模拟视频的方式展现工序的模拟，通过三维的技术让工人直观地了解施工工艺。

（2）工程其跨度大，转换结构多，型钢柱、梁、剪力墙数量多，分布广，且其型钢与外包混凝土，钢柱、钢梁、钢板剪力墙与钢筋的避让与连接是工程施工难点，钢筋与型钢的连接主要采用"绕""穿""焊"的方式。当空间条件允许的情况下，钢筋绕过型钢；在开孔率可控的范围内，钢筋穿过型钢；两者均无法实现时，钢筋通过预制的连接板与钢结构焊接。如何合理地设计"绕""穿""焊"的覆盖范围，是解决工程施工难点的关键。通过三维模型，可直接反映出该节点的钢筋与钢筋之间，钢构与钢筋之间的关系。型钢剪力墙结构钢筋接头形式与施工方法基本相同，但比型钢框架结构更为复杂。

对项目复杂节点的施工工艺进行动画模拟（图3.8.4-1、图3.8.4-2），制定合理施工工序，指导现场交底。

图3.8.4-1　型钢柱节点施工工艺模拟图　　　3.8.4-2　环柱节点施工工艺模拟

2.北京市地铁维修库及住宅开发项目

1）项目概况

工程位于北京市北安河车辆段厂区，总用地面积约30万m²，由地铁维修库及住宅开发等部分功能组成，地铁维修库由咽喉区、运用库、联合检修库三部分组成，基础采用桩基础，无地下室。工程结构底标高−4.600m，顶标高14.150m，采用框架剪力墙结构。钢结构集中在咽喉区、运用库以及联合检修库，用钢量约4万t。工程采用型钢混凝土，主要钢构件类型为组合柱、十字形、H形、圆管及钢板墙组合结构，最长钢柱13.15m，最大截面尺寸为组合柱2900mm×800mm×30mm×50mm，单体最大重量约28t，钢材型号均选用Q345B。

2）应用情况

（1）通过对韧性结构中钢结构、钢筋、预应力整体深化，同时采用BIM技术建模，模拟复杂节点构造，进而在施工上改进了施工方法及顺序，节约了返修损失，同时节约了下料，加快了施工进度，节约成本。工程成功地采用整体深化及BIM技术，制作厂预制了数百万个钢筋孔，避免了施工现场开洞，整个工程超过1万个构件不重复制作不遗漏制作（图3.8.4-3）。

（2）工程为带上盖开发的地铁车辆段，跨度大，转换结构多，型钢柱、梁、剪力墙数量多、分布广，其中型钢柱1311根，型钢梁2235根，型钢剪力墙132片，其规模较大且罕见。梁柱、墙柱节点钢筋根数较多，所有梁柱节点均存在抗剪托座

图3.8.4-3 型钢柱节点施工工艺模拟

及预应力筋，节点处最多时钢筋根数达120根（图3.8.4-4）。预应力筋须符合自身预应力束布置规范。

图3.8.4-4 环柱节点施工工艺模拟

3.9 垂直运输施工工艺模拟BIM技术

垂直运输施工工艺模拟BIM技术是指根据工程项目概况图纸，建立BIM模型，将施工中需要用到的各类起重机械、施工升降机等垂直运输设备的性能、适用范围、工期要求等参数输入BIM模型进行分析和监控，再结合BIM模型可视化特点，对项目各施工阶段工序特点、分时段运输量（施工人员、物料）、工作区域划分等方面进行模拟，最终选用最优的垂直运输体系，减少施工机械的闲置，提高机械使用率，有效地对施工场地进行合理的布置。

3.9.1 技术内容

1.总平建模

建立场地模型，结合项目施工进度计划安排，提前规划与布置现场办公区、生活区及生产区，对各阶段施工现场主要出入口、临时施工道路、各类起重机械、升降机等垂直运输设备、材料堆场、周转场地等进行布置（图3.9.1-1）。

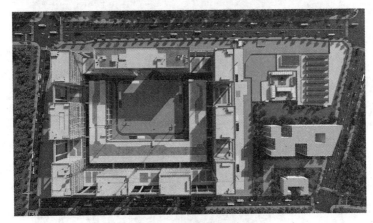

图3.9.1-1 现场垂直运输规划

2.垂直运输设备建模

运用BIM技术进行与实际相符的塔式起重机参数化BIM模型创建（图3.9.1-2），添加参数信息、型号信息、功能信息，方便塔式起重机调节使用，用于塔式起重机三维设计、布置、施工作业模拟使用。

3.垂直运输模拟

1）估算劳动力及材料。根据施工进度计划，梳理出各阶段施工所需劳动力及材料数量。

2）每日运输设备的运输量。根据前期所选垂直运输设备的型号以及设备布置数量，结合垂直运输机械设备的功效，在BIM软件中将设备运输量参数输入设备。

3）分析模拟。根据进度计划、估算劳动力及材料、所选垂直运输设备的型号以及设备布置数量，运用软件对垂直运输机械设备进行模拟。

4）调整完善。通过BIM垂直运输分析，得到垂直运输设备是否能完成劳动力及材料的运输，若不能完成，则及时反馈修改调整，直至满足垂直运输要求。

(a)

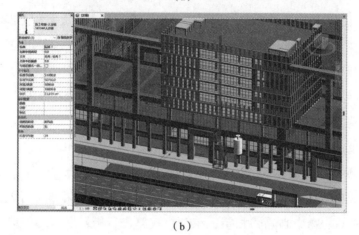

(b)

图3.9.1-2　垂直运输机械参数信息

3.9.2　技术指标

1. 劳动力及材料清单

根据总平及进度计划算出各阶段的劳动力及材料清单，要注意考虑抢工期、节假日、高温等特殊情况，其中人员需梳理出早、中、晚的施工人流量。

2. 垂直设备运输量分析

根据垂直运输设备信息计算出垂直设备运输量。

3. 垂直运输设备运输时间

垂直运输设备模拟吊装材料时，需考虑的点有：

1）结合项目周围交通情况估算出水平运输设备运输材料时长；

2）根据加工厂机器数量得到材料加工的工效，将水平运输时长及加工时长算入垂直运输时长。

3.9.3 适用范围

适用于具有垂直运输施工工艺的建筑工程项目。

3.9.4 工程案例

重庆解放碑时尚文化城项目、深圳市新华医院项目、重庆来福士广场项目、重庆江北国际机场T3B航站楼及第四跑道工程T3B航站楼施工总承包工程、重庆龙兴足球场项目等多项工程中应用BIM技术在垂直运输施工工艺模拟中。下面以重庆解放碑时尚文化城项目、深圳市新华医院项目为例简要介绍BIM技术在垂直运输施工工艺模拟中的应用情况。

1.重庆解放碑时尚文化城项目

1）项目概况

重庆解放碑时尚文化城项目位于重庆市解放碑CBD，紧邻重百大楼，与新华国际、英利IFC购物中心隔路相望，东至民权路步行街，北至邹容路步行街，西至青年路，南至中华路。项目定位为最前沿的第四代商业，重庆首个SHOPPING PARK文化主题购物公园，打造集时尚购物、文化体验、旅游观光、休闲娱乐、特色美食于一体，提供"一站式"服务和"目的地"消费的情景式时尚文化体验中心。

工程用地面积约7768m²，用地性质为商业、商务、娱乐、文化设施用地，项目总建筑面积约201611m²，由一栋超高层塔楼、商业裙房及地下车库组成，地上塔楼63+1层，裙房11层，地下车库7层。项目建筑总高度约300m，超高层塔楼结构采用带加强层的叠合柱（组合柱）框架——核心筒体系，裙楼采用框架——剪力墙结构体系，结构总高度297.65m。

2）应用情况

（1）垂直运输施工工艺模拟综合分析运输需求，垂直运输器械的运输能力等因素，结合施工进度优化确定垂直运输组织计划，并可进行可视化展示或施工交底（图3.9.4-1）。

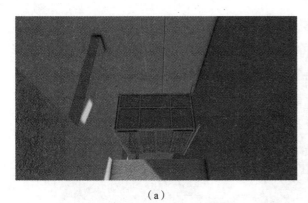

（a） （b）

图3.9.4-1 垂直运输机械分析

（2）基于BIM的场地布置：项目利用BIM进行场地推演，模拟了各阶段的场地布置转换。此外，还进行了安全设备、CI临时建筑、道路通行安全、现场机械设备等方面布置和管理。

2.深圳市新华医院项目

1）项目概况

深圳市新华医院项目位于深圳市龙华区新区大道与民宝路交叉口，其东侧临红山地铁站，西侧为新区大道，北侧为中梅路，南侧为民旺街。项目为新建门诊与行政科研楼、住院医技楼等，地上22层，地下4层，建筑高度99.9m，基坑开挖深度超20m（图3.9.4-2）。

图3.9.4-2 项目效果图

2）应用情况

（1）运用BIM技术，通过在混凝土工程量辅助测算、支撑块砌体切割尺寸与划分、施工流程模拟、叉车行车路线模拟、汽车式起重机吊点定位垂直运输等方面的应用，一定程度上解决了以上几个重难点，辅助论证拆换撑方案的可行性、合理性及安全性，保证拆撑工作顺利进行（图3.9.4-3）。

图3.9.4-3　垂直运输分析

（2）物料提升机由架体，提升与传动机构，吊篮、稳定机构、安全保护装置和电气控制系统组成。物料提升机结构的设计和计算应符合《钢结构设计标准》GB 50017—2017、《塔式起重机设计规范》GB/T 13752—2017和《龙门架及井架物料提升机安全技术规范》JGJ 88—2010等标准的有关要求。工程应采购正规厂家生产有质量保证的物料提升机（图3.9.4-4）。

图3.9.4-4　块体垂直运输

（3）施工工艺模拟BIM应用中，可基于施工组织模型和施工图创建施工工艺模型，并将施工工艺信息与模型关联，输出资源配置计划、施工进度计划等，指导模型创建、视频制作、文档编制等工作。

3.10 钢结构虚拟预拼装BIM技术

钢结构虚拟预拼装BIM技术是指利用三维信息化技术将钢结构分段构件及钢结构支座进行的三维扫描，在计算机中模拟拼装形成分段构件的轮廓模型，与深化设计的BIM模型拟合比对，检查分析加工拼装精度，得到所需修改的调整信息。经过必要校正、修改与模拟拼装，直至满足精度要求。

3.10.1 技术内容

1.准备工作

根据设计图文资料和加工安装方案等技术文件，在构件分段与胎架设置等安装措施可保证自重受力变形不致影响安装精度的前提下，建立设计、制造、安装全部信息的拼装工艺BIM模型，与土建、安装模型整合，通过模型导出分段构件和相关零件的加工制作详图。

2.场地扫描

利用三维扫描仪（以Trimble三维激光为例）对现场已完成的钢结构支座及其混凝结构进行扫描。

1）制作三维扫描仪的定位标靶纸，将标靶纸固定在要扫描的施工现场，保持标靶纸周围视野开阔，每个标靶纸之间的间距不大于20m，每个项目不少于三张。

2）利用全站仪对各个标靶纸的坐标进行测量，获得标靶纸坐标。

3）架设三维扫描仪，对现场支座进行扫描，第一站需对仪器进行调平及数据设置，每站应扫描到三个标靶纸。

4）对扫描出来的数据及测量的标靶纸坐标进行整合，在计算机中进行拟合生成三维扫描模型。

3.构件扫描

构件制作验收后，利用三维扫描仪建立实体构件模型。

1）将构件放置水平，且平稳，可以不进行站点设置。

2）三维扫描仪对构件进行扫描。

3）对扫描数据进行整合处理，导入BIM软件与深化设计模型进行对比，获得生产公差，将生产公差代入后续深化过程。

4.整合模拟

计算机模拟拼装过程，进一步调整模型。

1）将支座扫描模型导入公差调整后的深化设计模型进行整合。

2）根据模型整合在一起进行再次调整。

3）根据制作安装工艺图的需要，模拟设置胎架及其标高和各控制点坐标。

5.导出图纸

通过模拟后的模型，调整完毕后，再次导出工厂加工图。

6.构件调校

对加工出的构件按步骤3进行扫描，扫描后与深化模型对比，保证公差在规定范围内。

3.10.2 技术指标

1.场地扫描

对施工完成后的钢结构支座进行扫描时，需要对现场进行分块，以便选择合适的标靶纸位置及扫描站点。

2.构件扫描

对工厂生产完毕的构件，需在一个相对水平的位置，将构件放置相对水平，选择合适的仪器架设位置，保证两到三站能扫描完成。

3.文件要求

扫描完成的文件，需在一台高性能工作站中进行点云处理，同时处理时应尽量删除与构件无关的部分，保证数据在最佳的大小。模型文件格式应为通用的点云格式，以便后续与其他模型成果相联动。

4. 整合模拟

对构件扫描模型与深化模型进行对比时，应选择构件端点作为基点；现场支座扫描模型以BIM项目基点导入BIM深化模型中。

3.10.3 适用范围

适用于各类建筑钢结构工程，特别是需要进行预拼装验收的复杂钢结构工程。

3.10.4 工程案例

重庆龙兴足球场项目、中国电科科技创新园办公类综合建筑、重庆来福士广场项目、重庆江北国际机场T3B航站楼及第四跑道工程T3B航站楼施工总承包工程等多项工程中应用BIM技术。下面以重庆龙兴足球场项目、中国电科科技创新园为办公类综合建筑为例简要介绍BIM技术在钢结构虚拟预拼装中的应用情况。

1. 重庆龙兴足球场项目

1）项目概况

重庆龙兴足球场项目位于重庆两江新区龙盛片区城市功能核心区，占地面积约303亩，总建筑面积16.69万 m^2，其中地下一层，地上五层。重庆龙兴足球场屋盖平面呈椭圆形，结构形式为悬挑平面桁架+立面单层网壳，建筑投影南北长283m，东西宽252m，钢结构屋面最大高度为59.5m，罩棚悬挑长度约54～58m，屋盖径向主桁架共计68榀，罩棚立面曲杆通过成品铸钢固定铰支座支承于6.550m平台的主体结构上，钢筋密集交会，定位、安装难度大。

2）应用情况

（1）利用三维激光扫描仪对大面积混凝土面、钢结构节点、钢结构前后主体进行扫描逆向建模（图3.10.4-1~图3.10.4-3），进行平整度检测、精确定位、测量观测等应用，控制工程施工质量，实体校核。

（2）主体钢结构扫描，逆向建模后辅助檩条及铝板幕墙的深化（图3.10.4-4）。

2. 中国电科科技创新园办公类综合建筑

1）项目概况

由LO7-A座、L07-B座、LO7-C座及3座塔楼之间的展厅裙楼组成，为钢框

图3.10.4-1　仪器扫描结果

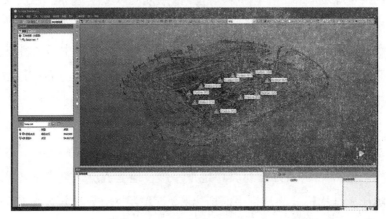

图3.10.4-2　扫描逆向建模

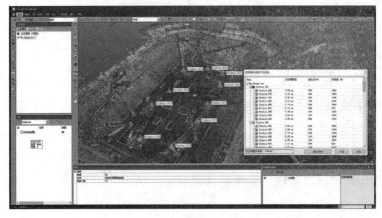

图3.10.4-3　扫描结果误差分析

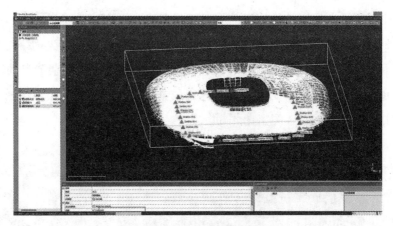

图3.10.4-4 主体钢结构模型生成

架结构。钢结构部分主要包括地下部分型钢劲性柱和3座塔楼内的框架钢柱、钢梁及裙房展厅大跨度钢梁、钢柱。主要钢结构构件类型包括焊接十字型钢、焊接箱型钢和焊接H型钢，总用钢量约1万t。项目3个塔楼共用一个整体地下室，地下4层，地上部分为LO7-A栋地上17层，标高63.050m；LO7-B栋地上15层，标高55.450m；LO7-C栋地上17层，标高62.050m。塔楼间裙房展厅地上3层，标高20.000m（图3.10.4-5）。

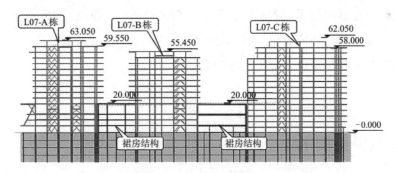

图3.10.4-5 主体钢结构模型

2）应用情况

（1）为实现钢结构建筑全生命周期的智能建造，需将设计、施工与运营维护阶段综合进行考虑，提前设计各阶段的平台架构，掌握各阶段所需传递和使用的有效数据类型，自设计阶段即开始筹备有效数据库，在设计与施工阶段交接的同时完成下一阶段所需信息数据的交付，尤其是在设计与施工阶段积累的数据交付，可方便运维平台对数据的调取与运用。

（2）针对项目大型钢结构施工的重点与难点，采用BIM技术进行钢结构的预拼装工作，通过钢结构的深化加强精细化程度，优化连接节点，减少钢结构间的空间问题；使用BIM软件进行钢结构预拼装，可直观观察钢结构复杂节点的连接与安全问题，辅助进行遴选施工方案，节省返工成本，同时生成拼装模拟动画，作为后续教学和指导备用的参考（图3.10.4-6）。

图3.10.4-6　钢框架柱与斜撑节点BIM模型

（3）基于BIM技术联合各项新技术进行钢结构施工过程智能安全监测系统的开发与应用，对钢结构健康监测系统、三维可视化动态监测系统、视频监控系统进行集成，可实现荷载与环境监测、结构整体响应监测、结构局部响应监测、施工全过程可视化安全监测与视频安全监控等功能。

3.11 虚拟现实技术

增强现实技术是一种实时地计算摄影机影像的位置及角度并加上相应图像的技术，是一种将真实世界信息和虚拟世界信息"无缝"集成的新技术，这种技术的目标是在屏幕上把虚拟世界套在现实世界并进行互动。主要包含以下技术：

1）虚拟现实（VR）是利用电脑模拟产生三维虚拟空间，让用户身临其境地进入体验虚拟场景。

2）增强现实（AR）是将虚拟内容渲染叠加在真实场景上，用户可以同时看到现实世界以及叠加在现实世界上的虚拟内容。

3）混合现实（MR）与增强现实接近，不过MR更加强调了虚拟内容的融入感，也就是说，虚拟内容不仅仅是叠加在真实世界画面上，而是一定程度上与现实物品一样，可以操作交互。

4）扩展现实XR（Extended Reality，扩展现实，简称XR）则是以上三种技术的总称。

这些技术的共同点都是虚拟内容可交互。拿建筑业内熟悉的渲染图来类比，渲染图往往由一个固定角度静态渲染产生，即使是一段展示动画，它的路径和视角其实也是固定的。而XR技术中的虚拟内容，则是实时渲染产生，可以跟随使用者的路径与视角实时改变，这给予了使用者更大的自由度，但同时也对虚拟内容的精细程度与生产方式有更高要求（图3.11-1）。

图3.11-1　扩展现实（XR）技术

3.11.1　技术内容

1. 增强沟通

AR和VR可用于与潜在客户或公众互动，以提供更完整的建筑资产表现。AR和VR表示可以让消费者有机会在真实规模的沉浸式环境中更好地检查内置资产，并为客户提供比图片或视频更好的理解。

2.支持设计

AR和VR可以帮助设计师从浸入式的角度理解他们设计决策的实际结果。

3.设计审查

AR和VR促进了设计意图的交流，使设计人员可以更有效地查看设计。可以更轻松地识别问题，并可以更有效的改正。

4.支持施工

1）建设规划。AR和VR在建设规划领域的主要目标是预测潜在问题并改进交付。VR专注于创建沉浸式建筑模拟；而AR则侧重于可视化直接在站点上构建的虚拟对象。

2）进度监控。AR有可能显著提高以快速且易于理解的方式识别已完成和未完成的进度。这非常重要，因为及早发现进度延误对于确保及时交付至关重要。

3）施工安全。施工安全是AR和VR最明确的应用场景之一。AR可用于危险识别、安全检查，从而提供更安全的工作环境；VR可以支持安全教育。

5.支持运营管理

AR为运营和维护设施的现场工作人员提供有用的辅助信息。VR可以提供一种在沉浸式环境中远程操作设施的方法。两种技术的结合可以同时支持现场和远程办公室工作人员并改善协作。

6.支持培训

VR可以提供真实的场景，在这些场景中，施工作业人员通过模拟真实活动来获取知识和技能，而不是仅仅从理论中获取信息，感性认识为先的学习活动更有助于人的理解和掌握。AR则可以将虚拟信息叠加到建筑物实体上，从而加速感性认识到理论知识的转化。

3.11.2 技术指标

1）作为致力于改变传统建造方式的Trimble建筑科技公司，率先创新性地将HoloLens微软公司开发的一种MR混合现实技术应用到建筑领域。以BIM云管理平台Trimble Connect为核心，将建筑信息模型、协同管理与HoloLens混合现实技术有机地结合在一起。

2）搭载MicrosoftHoloLens的TrimbleXR设备将虚拟现实与物理现实连接起来，

以提供混合现实的视觉体验。用户可以即刻看到数字影像与真实环境融合的效果。这项技术的方便之处在于，工程人员不再需要在施工过程中查看设计图纸和定位物理世界的参考轮廓，穿戴上XR设备可即刻查看到虚拟构件及其详细的测量值，并以高精准度安装管道。此外，周围正在进行的施工项目都可以一目了然，能快速识别潜在的施工冲突。

3.11.3 适用范围

适用于建筑工程规划、设计、施工、运维、拆除等全过程。

3.11.4 工程案例

青岛微电子产业园项目、武汉电力职院水电机组运维虚拟实训系统项目、北京大兴机场项目、重庆城市建设档案馆新馆库建设项目等多项工程中应用增强现实技术。下面以武汉电力职院水电机组运维虚拟实训系统项目、重庆城市建设档案馆为例简要介绍其应用情况。

1.武汉电力职院水电机组运维虚拟实训系统项目

1) 项目概况

武汉电力职院水电机组运维虚拟实训系统以服务在校学生为主，构建兼顾基础技能培养与学生个性化发展相结合的水电机组运行过程虚拟仿真实训教学体系。可通过虚拟仿真系统构建的水电站实际场景的三维实景画面，让学生对水电站场景、水力机组生产相关设备及运行操作流程，形成直观的认识。了解水电机组相关设备、熟练掌握机组设备的组成模块以及设备在各种条件下的开、停机操作过程，提高学生综合运用实践技能分析和解决问题的能力。

2) 应用情况

(1) 水电站三维展示系统

场景漫游作为系统的基础功能，辅助用户熟悉及了解系统的基本操作和浏览方式，对水电站场景及设备进行初步的浏览及认知（图3.11.4-1）。

(2) 水电机组运行维护培训系统

系统内三维场景模型（图3.11.4-2）以现场水电站为参考1:1搭建，用户通过快

图3.11.4-1　水电站场景漫游

图3.11.4-2　系统内三维场景模型

捷传送菜单切换至设备面前，可清晰地查看设备的内外部形态、自身比例以及当前人视角观察的比例。机组运行仿真培训分为开机和关机两个流程，系统分别根据机组运行仿真培训的开机和关机脚本，结合水电站三维场景，编辑标准的开机和关机流程逻辑。

（3）水电机组运行维护考核系统

设备运行操作仿真考核，主要针对辅机设备的基本运行操作步骤进行考核。系统后台会按照正确运行操作流程编译操作步骤，以及每个步骤对应的分值。在考核过程中，考生需按正确的运行操作顺序依次操作场景中设备的开关、旋钮或阀门等部件。操作完成后，系统会根据用户的操作判断是否正确并记录得分。

2.重庆城市建设档案馆

1）项目概况

重庆城市建设档案馆是接收和保管重庆市重要城市基本建设工程档案的公共建筑场所。此次新馆库建设项目总用地面积3.64万m^2，总建筑面积约11.22万m^2，项目由8栋塔楼和2层地下裙房组成，涵盖业务大楼、档案库房、办公用房、地下车库等，预计能满足重庆市未来30年馆藏增长的需要。

2）应用情况

（1）建成模拟是通过AR（增强现实）技术将建筑物BIM模型按照1:1比例投影到地面，可观看建筑物未来建成效果。此次应用将6号楼和连廊建成后的样貌投影到现场，再结合周边建筑环境给人以更逼真的视觉，实现"见所未建"（图3.11.4-3）。

图3.11.4-3　基于AR技术的BIM模型投影

（2）进度模拟是通过AR技术将电脑端的4D进度模拟还原到项目现场，计划进度与实际进度对比更加直观形象，现场直接查看进度滞后、提前或按时完成，提高进度管理效率。此次应用将2号楼钢结构、建筑外观分楼层进行进度模拟，实现数字建造与实体建造相互映衬的展示效果（图3.11.4-4）。

（3）机电交底是指主体结构施工完成后，将机电安装全专业BIM模型1:1还原现场，通过专业显示控制，也可以单独还原电气、暖通、给水排水各专业模型。便于不同专业施工人员更好地理解设计意图，避免复杂节点理解不到位，而造成返工，提高一次达优率（图3.11.4-5）。

图3.11.4-4　基于AR技术的4D进度模拟还原

图3.11.4-5　基于AR技术的机电交底

（4）进度核验是指机电安装施工完成后，将BIM模型还原到现场，查看现场施工与设计意图是否一致。如不一致，可发起整改单流转到相关人员进行整改，整改完成后再次核验，最终形成一份与施工现场一致的数字资产（图3.11.4-6）。

（5）虚拟样板是指以数字方式，建造出的标准样板。通过AR技术将标准样板1:1投影到施工现场，点击构件可以看到BIM模型属性信息，达到节省展区场地及实体样板成本效果（图3.11.4-7）。

图 3.11.4-6　基于 AR 技术的机电核验

图 3.11.4-7　基于 AR 技术的虚拟机电样板

第4章

质量安全进度管理 BIM 技术

4.1 质量管理BIM技术

质量管理BIM技术是指以BIM技术为基础，结合数字化管理系统进行实体质量检查、工程质量验收、质量问题处理、质量问题分析等质量管理工作。对比现行质量管理模式，可以解决单人管理效能低、盲点多、质量数据失真等痛点，实现项目质量管理的信息化和数字化，让工程质量监管体系运转更加高效。

4.1.1 技术内容

1.基于BIM的质量管理系统/平台

结合企业现有信息化管理平台，搭建基于BIM的项目质量监管系统/平台，对工程建设的各项质量数据进行采集、录入、绑定、存储、抓取、管理等操作，从而实现从企业到项目管理部，再到质量管理岗位的多层次、系统化的质量管理（图4.1.1-1）。

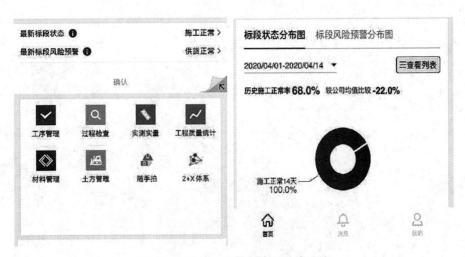

图4.1.1-1 基于BIM的质量管理系统/平台

2.工程准备阶段的BIM新技术应用

1）基于BIM的图纸会审、优化和深化。工程设计质量是确保工程整体质量的重要前提，在施工前发现和完善设计问题可以大幅减少后期施工质量管理负担。通过BIM的三维设计、碰撞检查、可视化分析等功能来进行设计审查、设计优化、施工深化设计等工作，来确保施工设计出图质量，进而避免施工过程中因设计原因而导致的质量问题（图4.1.1-2）。

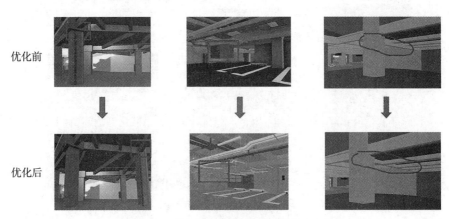

图4.1.1-2　基于BIM的图纸会审、优化和深化

2）基于BIM的方案编制、比选、审核和交底。通过BIM的三维建模、工艺模拟、力学分析等功能，对重要节点、重要施工措施进行方案设计、比选和审核，并通过BIM的可视化优势来进行方案交底，确保过程中的施工组织和工人作业正确（图4.1.1-3）。

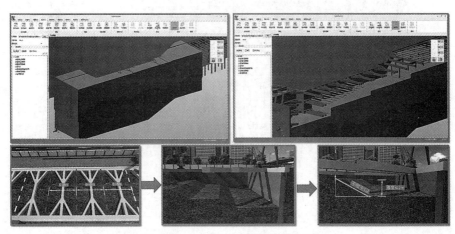

图4.1.1-3　基于BIM的方案编制和审核

3. 工程建造阶段的BIM新技术应用

1）基于BIM的现场质量数据采集。基于BIM的质量管理系统，应内置工程质量档案资料表格，现场通过移动测量设备和APP软件，以表格所需数据为导向，来进行实体质量数据采集和表单数据自动录入（图4.1.1-4）。

图 4.1.1-4　现场质量数据采集

2）基于BIM的质量电子档案资料管理。一方面，可以基于BIM模型构件和施工现场数据进行工程资料表格的创建、编辑、归档等操作；另一方面，可以通过点选BIM模型，反向查阅相关工程档案资料及相关数据。从而实现工程质量档案资料的数据可视化管理（图4.1.1-5）。

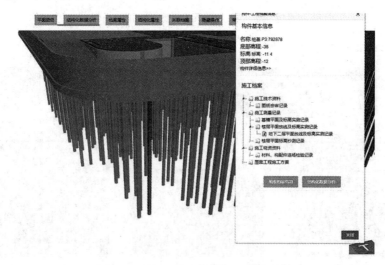

图4.1.1-5　基于BIM的质量电子档案资料管理

3）基于BIM的质量检查。通过模型轻量化技术，质量管理人员可以通过移动设备和手持设备对工程现场进行质量检查，并能够在BIM质量管理系统/平台上发起整改工作流程（图4.1.1-6）。

图4.1.1-6　质量检查

4. 工程考核阶段的BIM新技术应用

1）基于BIM的质量问题统计和分析。能够将已经录入平台的质量问题、模型部位进行归集和整理，按照责任人、分包单位、问题类别及问题趋势进行分析，并将分析结果以图形形式呈现，为管理人员乃至企业制定质量共性问题的解决方案，提供数据基础（图4.1.1-7）。

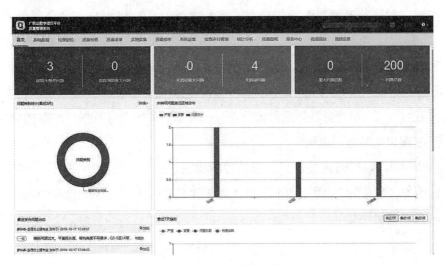

图4.1.1-7　基于BIM的质量问题统计和分析

2）基于BIM的质量数据追溯。基于二维码或RFID（Radio Frequency Identif ication，射频识别系统缩写RFID）技术让实体构件能够具备与BIM模型相绑定的功能。当构件出现质量问题时，可以通过扫描该构件上的二维码或RFID来追溯相关方的责任，并辅助进行质量问题分析（图4.1.1-8）。

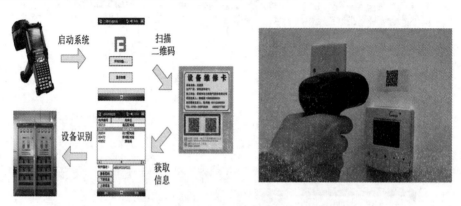

图4.1.1-8 基于BIM的质量数据追溯

4.1.2 技术指标

1.模型多端应用和轻量化

BIM模型除了符合桌面端应用外，还应支持在移动端和云端应用的能力；支持多端能够进行模型构件搜索、过滤、浏览构件属性；支持多端对BIM模型的浏览、漫游、旋转移动等基本操作功能；支持多端对BIM模型分层、分部位、分构件浏览。

2.模型与管理的交互

一方面，质量管理人员可以在模型上抓取已有质量数据，也可以发起各项质量工作；另一方面，可通过具体质量监管业务流程和具体的质量数据，反查BIM模型。

3.工程表单的自动填录

移动端具备在项目现场进行报表填写的功能，在项目现场直接输入各类实体数据，自动关联好对应的表格，并挂接相应的模型构件，无须在BIM模型中重复输入。

4.现场测量设备

智能化的测量工具和设备，应具备测量数据的多端、共享、共用能力，并且能够自动填写表格信息。

4.1.3 适用范围

适用于建筑工程项目总包方的质量管理。

4.1.4 工程案例

中汽研汽车风洞项目、重庆龙湖礼嘉新项目五期A63-2地块二标段、重庆公共运输职业学院扩建项目、重庆龙湖礼嘉项目四期一组团、龙湖李家沱项目A02-405地块、重庆龙湖观音桥二期工程、重庆龙湖创佑九曲河项目二期2组团、重庆规划测绘创新基地工程等多项工程中应用BIM技术在质量管理中。下面以重庆龙湖李家沱项目A02-405地块、重庆公共运输职业学院扩建项目为例简要介绍BIM技术在质量管理中的应用情况。

1.重庆龙湖李家沱项目A02-405地块

1）项目概况

项目位于重庆市巴南区李家沱组团，项目总建筑面积205936m²，总造价2.49亿元，包含两栋32层，1栋38层和1栋39层高层建筑，9栋8层高的多层建筑，以及49350m²的大型地下车库。

2）应用情况

（1）基于BIM的质量管理系统（图4.1.4-1、图4.1.4-2）。工程采用了业主单位

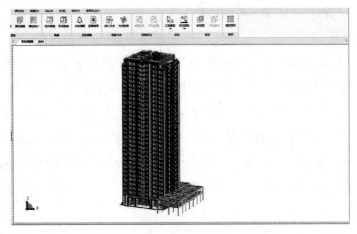

图4.1.4-1　BIM质量管理系统——桌面端

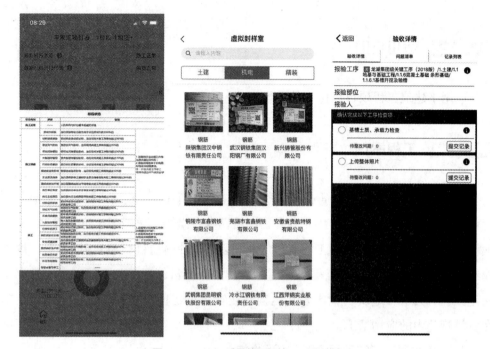

图4.1.4-2　BIM质量管理系统——移动端

自主研发的BIM质量管理系统，主要基于BIM模型进行工序管理、过程检查、实测实量、工程质量统计、材料管理、土方管理这六个方面的质量管理工作。

（2）基于BIM的方案优化和深化。工程基于BIM模型，以供应链的协作模式来组织设计单位、总包单位、分包单位和供应商单位进行方案编制的优化和深化工作（图4.1.4-3、图4.1.4-4）。

2.重庆公共运输职业学院扩建项目

1）项目概况

重庆公共运输职业学院扩建项目位于重庆市江津区双福新区双庆路E15-3/02地块，建设用地94198m²，建筑面积60773.05m²。项目包含平场土石方、基础工程、主体工程（范围：实训楼、教学楼、学生宿舍、食堂、学校大门、运动场看台、门卫室、生化池等）、精装修、幕墙工程、给水排水工程、电气安装（变配电工程除外）、消防设施安装、暖通、弱电工程预留预埋、景观绿化、支护工程、各类室外运动场地、室外综合管网及周边附属设施工程。

2）应用情况

（1）针对比较复杂的建筑构件或难以二维表达的施工部位建立BIM模型，将模

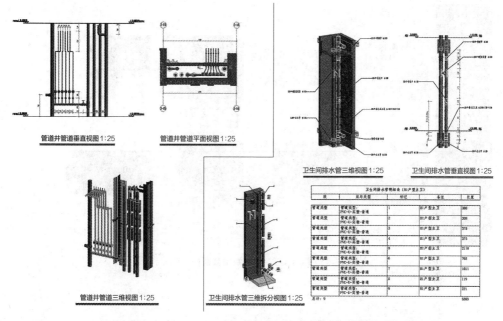

图 4.1.4-3　给水排水分项工程的 BIM 化方案和 BIM 加工优化

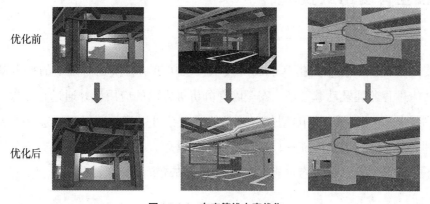

图 4.1.4-4　车库管线方案优化

型图片加入到技术交底书面资料中，便于分包方及施工班组的理解；同时利用技术交底协调会，将重要工序、质量检查重要部位在电脑上进行模型交底和动画模拟，直观地讨论和确定质量保证的相关措施，实现交底内容的无缝传递。

（2）通过移动端软件，将 BIM 模型导入到 iPad 等移动终端设备，让现场管理人员利用模型进行现场工作的布置和实体的对比，直观快速发现现场质量问题。并将发现的问题拍摄后直接在移动设备上记录整改，将照片与问题汇总后生成整改通知单下发，保证问题处理的及时性，从而加强对施工过程的质量控制（图 4.1.4-5）。

图4.1.4-5 网页端质量巡检

4.2 安全管理BIM技术

安全管理BIM技术是指基于BIM技术实现建筑工程安全管理中的技术措施制定、实施过程监控及动态管理、安全隐患分析等方面的应用,并通过与智慧工地中物联网设备、二维码、RFID射频等技术的融合,可以有效减轻现行安全管理模式对管理人员经验和数量的依赖,通过技术赋能管理,有效推动现场的安全管理数字化水平,提升安全管理人均效能,实现现场全站式智慧安全管理。

4.2.1 技术内容

1.基于BIM的安全管理系统/平台

该系统/平台应具备多终端运行的能力,能够兼容现场各个物联网安全监控设备,在功能上实现各项安全管理工作的数字化和智能化。同时,通过技术赋能管理,以BIM技术为基础,物联网为手段,数字技术为机制,来解决现行模式下,安全管理资源能效和现场安全管理需求的矛盾,实现现场安全分级智能管控、隐患排查治理双控智慧体系建设等,进而"纵向到底"实现从企业到项目部,再到安全管理岗位的贯穿式安全监管;"横向到边"实现现场各个作业面24小时的全天候安全覆盖的效果(图4.2.1-1)。

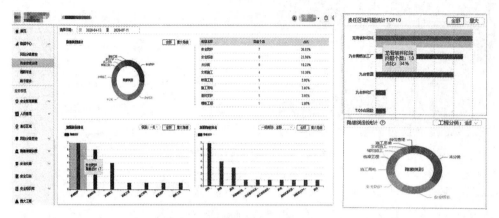

图4.2.1-1　基于BIM的安全管理系统/平台

2.BIM安全策划

1)基于BIM的场地布置。对工程各进度节点进行场地推演布置,合理划分办公区、生活区和生产区;模拟验证施工道路的转弯区、会车区等部位能否满足罐车、臂夹泵车等不同施工机械的安全通行以及错车要求;合理布置各种大型机械设备、安全文明设施等,从而赋能项目做好场地布置和转换,并为后期现场智慧工地建设和安全设施设备布置提供数字基础(图4.2.1-2)。

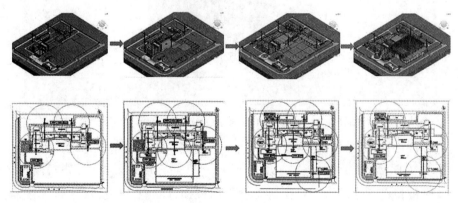

图4.2.1-2　场地布置

2)基于BIM的安全设施设备布置。通过BIM来布置好各安全设施设备的位置,模拟各施工阶段的临边防护、洞口防护等主要防护设施,并提前确定所需的安全设施设备型号、尺寸和周转数量(图4.2.1-3)。

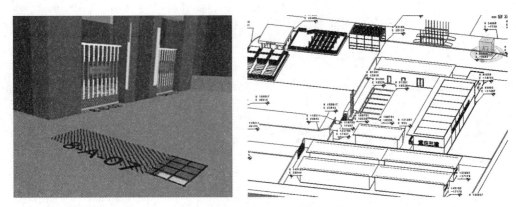

图4.2.1-3 各类安全设施设备的布置

3）基于BIM的灾害应急模拟。通过模拟应急疏散人流、有毒气体扩散时间、建筑材料耐燃烧极限等灾害环境，来辅助制定整个施工现场的应急管理设施设备和疏散通道的布置（图4.2.1-4）。

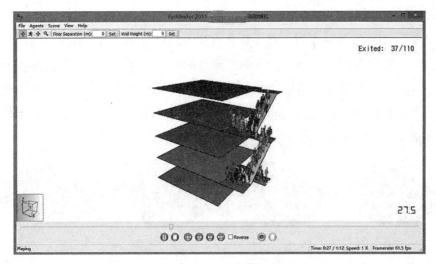

图4.2.1-4 灾害应急模拟

4）基于BIM的危险性较大的分部分项工程（简称危大工程）方案模拟和交底。利用BIM模拟危大工程专项施工方案，提前识别危险源，辅助优化施工方案。此外，发挥BIM可视性好的优势，以动画、图片、VR等形式来进行交底，能够得到良好的效果（图4.2.1-5）。

3.现场BIM安全管理

1）基于BIM的人员定位管理。施工现场情况复杂且施工人员众多，为保障在

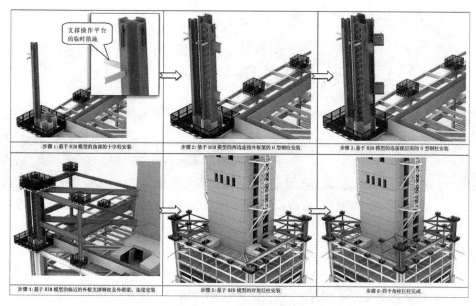

步骤1：基于BIM模型的角部的十字柱安装　　步骤2：基于BIM模型的两边连接外框梁的H型钢柱安装　　步骤3：基于BIM模型的连接楼层梁的H型钢柱安装

步骤4：基于BIM模型的临近的外框支撑钢柱及外框梁、连梁安装　　步骤5：基于BIM模型的对角巨柱安装　　步骤6：四个角柱巨柱完成

图4.2.1-5　危大工程方案模拟

一些危险区域的施工人员的安全，利用RFID射频技术，结合BIM模型的空间信息，对施工人员的运动轨迹、人员数量等进行动态监控、记录，掌握施工人员的分布（图4.2.1-6）。

2）基于BIM的危险源识别和预警。通过BIM技术对各阶段的工作面进行模拟，采用不同颜色、不同标志等方式，分级划分危险源区域，为后续开展危险源管控提供支持（图4.2.1-7）。

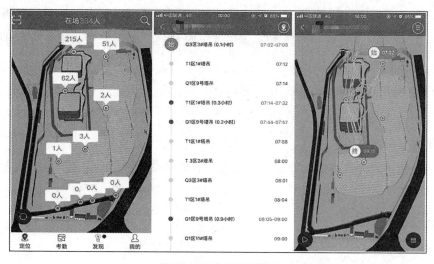

图4.2.1-6　人员定位管理

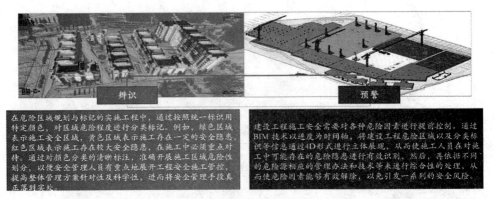

图 4.2.1-7　危险源的识别和预警

4.2.2　技术指标

1）平台能够具备CI标准化安全设施设备的三维模型创建、编辑、统计的功能，并能够在管理过程中在安全设施设备模型上附加和关联安全检查、风险源、隐患排查等安全管理信息。

2）能够基于BIM模型进行力学分析，能够辅助进行符合国家规范要求的安全计算，能够根据荷载和形变幅度用不同颜色或图案采用可视化的表达方式分级呈现，以赋能管理人员进行薄弱节点和危险源的识别与改进。

3）平台能够基于BIM模型模拟施工现场应急灾害的疏散梳理情况；在平台内能够按计划现场用工数量设置疏散人员，并能够根据整体项目现场——单个建筑物——单个工作面，分级设置疏散路径，能够设置各项应急灾害参数；能够可视化显示影响疏散的堵点和风险源；能够输出应急灾害疏散模拟数据，以便项目管理人员调整和优化方案。

4）智能物联网安全设备设施能够与BIM模型进行绑定和挂接，并能够在多端设备上进行操作，一方面，管理人员能够通过平台在BIM模型上实时查询对应区域安全设备装置的运行情况；另一方面，各项安全装备装置的运行数据上传平台，并且一旦超出允许范围值，能够在相关人员的移动端以及平台上进行预警提示。

4.2.3　适用范围

适用有智慧工地要求的建筑工程项目的安全管理。

4.2.4 工程案例

重庆规划测绘创新基地工程，重庆儿童医疗中心住院医技综合楼工程，重庆市游泳跳水训练馆，建设项目工程总承包（EPC），重庆市人民医院1号住院楼工程，龙兴古镇改造提档升级项目，沙坪坝组团A03-10/02、A03-11/02地块项目，重庆来福士广场项目等多项工程中应用BIM技术在安全管理中。下面以重庆规划测绘创新基地工程、重庆市游泳跳水训练馆建设项目工程总承包（EPC）为例简要介绍BIM技术在安全管理中的应用情况。

1.重庆规划测绘创新基地工程

1）项目概况

工程由3部分组成，其中1号楼地上6层，地下2层，建筑高度30.3m；2号楼地上16层，地下2层，建筑高度68.4m；3号楼地上12层，地下2层，建筑高度57m。工程总用地面积33082.5m^2；总建筑面积100503.54m^2。

2）应用情况

（1）基于BIM的安全管理系统。工程采用了总包单位研发的BIM智慧工地安全系统（图4.2.4-1）。该系统用"互联网+"的方式，将现场智能传感设备、智能监控系统、智能考勤监管系统与BIM技术等软硬件联系起来，进而赋能现场开展安全管理。

（2）基于BIM的场地布置。项目利用BIM进行场地推演（图4.2.4-2、图4.2.4-3），

图4.2.4-1　智慧工地安全系统

模拟了各阶段的场地布置转换。此外，还进行了安全设备、CI临时建筑、道路通行安全、现场机械设备等方面布置和管理。

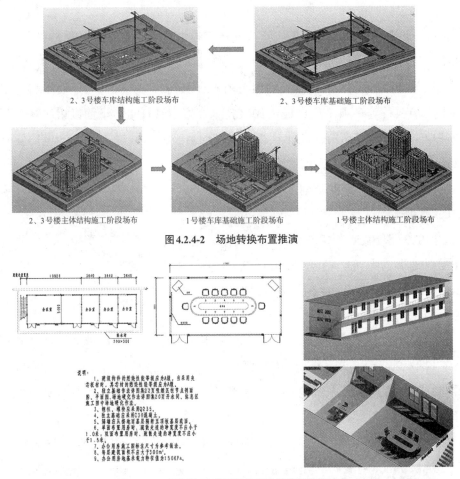

2、3号楼车库结构施工阶段场布　　　　2、3号楼车库基础施工阶段场布

2、3号楼主体结构施工阶段场布　　1号楼车库基础施工阶段场布　　1号楼主体结构施工阶段场布

图4.2.4-2　场地转换布置推演

图4.2.4-3　总包的CI临时建筑标准模型及数据信息

（3）现场BIM安全管理。项目利用BIM进行了人员定位管理、设备管理和"四口五临边"日常巡检管理（图4.2.4-4、图4.2.4-5）。

2.重庆市游泳跳水训练馆建设项目工程总承包（EPC）

1）项目概况

重庆市游泳跳水训练馆位于重庆市沙坪坝区大学城北一路36号，总建筑面积7071m²，其中游泳区2291m²、跳水区1408m²、陆上训练房949m²、功能用房1892m²（含更衣室、大厅等）、地下设备用房531m²，以及水处理、造浪设备、看台、LED显示屏等配套设施。

图4.2.4-4　关联BIM安全平台并具备空间定位能力的安全帽

图4.2.4-5　关联BIM安全平台的卸料平台

2）应用情况

传统吊装依靠塔式起重机指挥传递命令，极易发生事故。对于塔式起重机操作问题，基于BIM信息模型进行塔式起重机管理系统的开发，利用BIM模型确定塔式起重机的回转半径和影响区域，确保其与高压线和附近建筑的安全距离，利用物联网手段，实时掌握其工作状态，并利用BIM的可视化特性提前规划工作计划，对可能发生的塔式起重机碰撞进行预警，且BIM可对塔式起重机工作进行记录、电子存档，便于问题溯源和经验积累。

4.3　进度管理BIM技术

进度管理BIM技术是指基于BIM技术将原本虚拟的、表格化的二维进度计划，以可视化的施工沙盘推演予以呈现，让项目管理人员可以直观地确定工期的各个堵点和难点，进而更好地开展进度管理工作。此外，基于BIM的进度技术还能够融合人工、材料、机械等方面的信息数据，从而赋能项目部，使其更加高效地统筹管理各阶段、各类型的生产要素。

4.3.1 技术内容

1. 基于BIM的进度管理系统/平台

该系统/平台具备单代号、双代号、横道图等多种进度计划形式的自由切换。能够保证各工序间逻辑关系以及关键线路的完整性，随时监控项目关键线路变化，自动监控、计算和调整关键线路变化，及时预警进度风险，输出各阶段进度前锋线，提供索赔依据。此外，通过进度平台还能耦合人、材、机资源和成本财务数据，实现项目进度管理由单纯的形象进度管理变为多种生产要素、成本要素和财务要素的动态化精确进度管理（图4.3.1-1）。

图4.3.1-1　基于BIM的进度管理平台

2. 基于BIM的进度对比分析

基于BIM模型的进度管理，应能够结合进度计划模型和实际工程形象进度信息进行对比分析，并能够基于偏差结果，给出物资供应、劳动力配给、实际人均效能等各项工期因素的数据信息，来辅助项目管理人员进行工期管理工作（图4.3.1-2）。

3. 基于BIM的进度预警

基于BIM模型的进度管理系统/平台，项目管理人员能够制定预警规则、进度节点和预警提前量，并能够根据进度时差生成预警信息（图4.3.1-3）。

图4.3.1-2　进度对比分析

图4.3.1-3　进度预警

4.基于BIM的进度资源成本管理

BIM进度模型能够附加资源成本信息，能够根据不同的进度节点，辅助项目管理人员制定物资采购计划；能够根据物资采购付款时间点及合同金额等信息辅助制定资金需求计划；能够自动统计月、周等各周期的施工生产资源的需求量（图4.3.1-4）。

4.3.2　技术指标

1.模型与进度计划关联

BIM模型的各个构件，能够在管理系统/平台中与Excel、Project等主流软件所

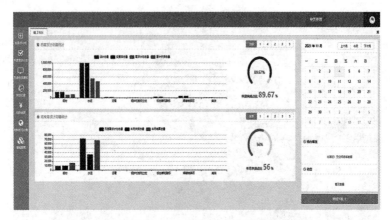

图4.3.1-4　基于进度的资源成本管理

编制的网络计划、横道图等多种形式、多种格式的进度计划文件进行绑定挂接。

2.虚拟建造

能够通过模型以电子沙盘的形式，模拟整个工程的建造过程。

3.模型选择和关联

应能够支持构件列表选择、视图框选、专业选择等多种方式快速选择模型来与对应计划进行关联。

4.模型、进度计划和资源成本的关联

模型、进度计划和各项资源和成本信息能够互相关联，并且可以将计划数据和实际数据进行对比分析。

5.计划的调整

施工过程，可以根据现场情况来调整进度模型的逻辑关系，并能自动反馈到模型中，再通过模拟检验是否会出现偏差。

4.3.3　适用范围

适用于建筑工程项目总包方的进度管理。

4.3.4　工程案例

中汽研汽车风洞项目、龙湖礼嘉新项目五期A63-2地块二标段、重庆铁路口岸公共物流仓储工程总承包（EPC）项目、龙湖礼嘉项目四期一组团、龙湖李家沱项目A02-405地块、龙湖观音桥二期工程、龙湖创佑九曲河项目二期2组团、重庆规划测绘创新基地工程等多项工程中应用BIM技术在进度管理中。下面以中汽研汽车风洞项目、重庆铁路口岸公共物流仓储工程总承包（EPC）项目为例简要介绍BIM技术在进度管理中的应用情况。

1.中汽研汽车风洞项目

1）项目概况

工程主要包括汽车空气动力学——声学风洞（简称AAWT）、汽车环境风洞（简称CWT）和准备车间三个部分，总建筑面积21081m²，项目类别为丁类多层厂房，设计使用年限50年。

2）应用情况

（1）基于BIM的进度管理（图4.3.4-1）。项目结构复杂，专业多，利用了BIM进度系统进行工序的穿插管理。此外，通过计划与实际进度对比管理来把控现场整体工期。

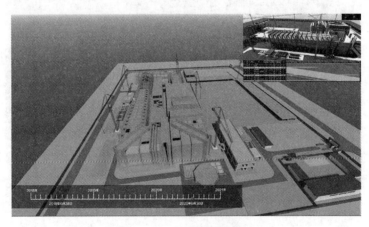

图4.3.4-1　工程进度对比管理

（2）基于BIM的进度资源成本管理。项目基于BIM进度管理信息关联了项目的材料设备和成本资金的动态信息，使项目能够基于工程周期有的放矢地开展资源投入。

2.重庆铁路口岸公共物流仓储工程总承包（EPC）项目

1）项目概况

重庆铁路口岸公共物流仓储工程项目位于重庆市沙坪坝区西永组团I标准分

区，为国家"一带一路"倡议节点，渝新欧国际贸易大通道起点，内陆地区铁路枢纽口岸，西南地区保税物流分拨中心。项目是EPC项目，总建筑面积约22万m²。项目区域规划有仓储区、展示区、综合服务区、堆货卸货区四个功能区。

2）应用情况

（1）基于BIM模型和进度计划建立项目整体的施工进度4D模拟，可视化展示各单体不同时间段进度情况，审查总进度计划的合理性。将实际工程进度、计划工程进度与BIM模型相结合，直观反映进度偏差情况，以便及时和实时地调整计划，避免信息沟通造成不必要的延误。

（2）定期采用无人机航拍+地面拍摄的方式对工程现场进行记录，反馈到施工进度记录报告中。并根据航拍生成进度模型与计划进行对比，实时反馈进度情况（图4.3.4-2）。

图4.3.4-2　航拍生成进度模型

第 5 章

竣工与运维管理 BIM 技术

5.1 竣工验收BIM技术

竣工验收BIM技术是指将建设项目设计、施工过程中的项目信息、数据收集并加以整理得到项目的竣工数据，利用BIM技术对建筑物的信息数据进行完整的收集，竣工结算时可快速地统计出项目的完成任务量，并与合同价格快速对比计算，找出工程价格变化的因素和额度，分析项目的经济效益，为参与建设各方提供实际、准确的工程建造数据。

通过竣工模型的搭建，竣工验收过程可借助BIM模型对现场实际施工情况进行校核，将建设项目的设计、经济、管理等信息融合到一个模型中，便于后期的运维单位使用，更好、更快地检索到建设项目的各类信息，为运维管理提供有力保障。

5.1.1 技术内容

1）竣工预验收和竣工验收应根据竣工验收模型进行。

2）竣工验收模型宜关联各施工阶段和竣工验收阶段的信息，竣工验收模型与文件、成果交付应符合项目各方的合同要求。

3）宜通过对施工现场与竣工验收模型进行分析对比，辅助进行竣工验收。

4）竣工验收成果宜包括竣工验收模型、设备关联信息竣工验收关联信息、模型辅助验收报告、BIM辅助工程量测算报告等。

5）竣工交付成果宜包括模型文件、文档文件、图形文件和动画文件等，交付内容由接收方确定并审核，最后形成竣工交付模型交接单。

6）竣工交付模型应根据交付对象的要求，经审核后完成竣工交付模型。

5.1.2 技术指标

1）竣工阶段模型宜根据施工过程模型或施工图及现场条件创建，并应附加或关联相关竣工资料的信息。竣工模型中涉及的信息内容应符合现行国家、行业标准《建筑工程施工质量验收统一标准》GB 50300—2013和《建筑工程资料管理规程》JGJ/T 185—2009的规定。

2）在竣工验收BIM应用中，应将竣工预验收与竣工验收合格后形成的验收信息和资料附加或关联到模型中，形成竣工验收模型。

3）竣工阶段的模型应用宜包括竣工预验收、竣工验收和竣工交付。

4）竣工模型信息除几何信息外，宜主要包括管理资料、技术资料、安全资料、测量记录、物资资料、施工记录、试验资料、过程验收资料等信息。

5）建设单位应组织设计单位、施工单位、监理单位等相关单位对竣工模型进行验收。

6）竣工交付对象应包括建设单位、相关政府监管部门、施工单位，宜根据不同的对象要求，在竣工验收模型的基础上制作相应交付成果。

5.1.3 适用范围

适用于建筑工程的竣工预验收和竣工验收管理。

5.1.4 工程案例

金科照母山项目B5-1/05地块二标段工程、忠县电竞馆项目工程、重庆来福士广场项目等多项工程中应用BIM技术在竣工验收中。下面以金科照母山项目B5-1/05地块二标段工程、忠县电竞馆项目工程为例简要介绍BIM技术在竣工验收中的应用情况。

1.金科照母山项目B5-1/05地块二标段工程

1）项目概况

项目位于重庆市金州商圈核心区域，总建筑面积18.8万m²，汇集中心高层、写字楼、SOHO公寓、全球化商业，引进豪华五星级新金科大酒店，引入了LEED和WELL评估体系，由地下车库、酒店、多层商业、超高层写字楼组成。

2）应用情况

（1）竣工资料信息化

对施工过程的图纸、模型、质量、安全、会议、往来文件、合同等文档资料以及视频、音频资料实时更新，将模型和相关资料进行挂接，利用云数据中心进行资料的备份，防止人为的因数导致资料的缺失、失真，为竣工后的电子资料移交提供数据依据。

（2）竣工模型

在施工过程中全程跟踪项目，根据设计变更和现场实际情况同步维护更新模型，使模型始终与真实的建筑保持一致，并在施工完成后制作竣工模型，依据竣工资料核对BIM信息模型，满足BIM顾问对竣工模型的审核要求。

2.忠县电竞馆项目工程

1）项目概况

重庆忠县电竞场馆是亚洲首座以电子竞技为主题，融合多种综合功能的专业化、标准化的电竞馆。工程总建筑面积114117m^2，建筑高度72.86m，由电竞场馆及城市架空平台组成。场馆内配备观众席位6096个，设置停车位393个，馆外为休息厅、配套商业、展示厅、室外休息平台等。

2）应用情况

运维项目计划。运营管理方得到的不只是常规的设计图纸和竣工模型，还能得到反映建筑物真实状况的BIM信息模型，里面包含施工过程记录、材料使用情况、设备型号参数、维修保养状态和运营维护相关的文档和资料。

5.2 数字化档案与电子签名签章技术

数字化档案技术是以BIM模型为载体，并与工程建设信息相互关联，形成建筑工程的基础数据，以此为基础，以实现建设工程建设全过程的数字化记录。工程数字化交付过程中宜建立以建设项目对象为核心的数据、文档和模型及其关联关系的信息组织，包含建筑工程信息模型、电子文件、电子文档等三部分。

数字化档案应以工程对象为核心，对工程项目建设阶段产生的静态信息进行数字化创建直至移交的工作过程。涵盖信息交付策略制定、信息交付基础制定、信息交付方案制定、信息整合与校验、信息移交和信息验收。

电子签名签章技术是指利用图像处理技术将电子签名操作转化为与纸质文件盖章操作相同的可视效果，是电子签名的一种表现形式。电子签名数据电文中以电子形式所含、所附，用于识别签名人身份并表明签名人认可其中内容的数据。

数字化档案的编制、验收、归档、移交及运维应符合国家和地方现行有关标准的规定。

5.2.1 技术内容

1）工程电子文件形成单位应加强对电子文件归档的管理，将工程电子文件的形成、收集、积累、整理和归档纳入工程建设管理的各个环节和相关人员的职责范围，明确责任岗位，指定专人管理。

2）工程电子文件应包含有效的、完整的、可读的电子签章，若不存在，应收集签名、盖章后的文件或纸质文件的扫描件。

3）凡能够提供电子文档的文件应移交电子文档，不能提供电子文档的文件应提供相应纸质文件扫描件。

4）建设单位应当建立项目电子档案管理系统，管理项目全部电子档案，系统应当具备接收登记、分类组织、鉴定处置、权限控制、检索利用、安全备份、移交输出、系统管理等基本功能。

5）数字档案编制应与现场施工质量、工序及验收流程保持数据同步，建设工程档案应收集完整，BIM模型及数字档案内容应符合要求。

5.2.2 技术指标

1）交付工程资料应包括电子文件和相关数据信息，电子文件交付清单、相关数据信息和归档文件的要求应符合各地关于建设工程档案编制、验收的相关标准中的要求。

2）电子文件形成者应采用可靠的电子签名、电子签章等手段保障归档电子文件的真实性。

3）数字档案数据、模型应统一格式要求，数字档案格式应对结构化数据格式、非结构化数据格式及BIM模型格式进行要求。

4）电子签名应经本人识别活体人像授权和项目定位范围内自动判别进行签名，密钥应由国家主管部门认可的认证机构生成。

5）数字签章应由数字证书中载明的使用人持有的私钥制作，包含公钥的数字证书应在其有效期内，并且没有被中止或撤销，数字证书应在认证机构规定的范围及权限内使用。

5.2.3 适用范围

适用于使用数字化档案的建筑工程档案的编制、验收、归档、移交及验收。

5.2.4 工程案例

绿地重庆世界中心项目、重庆佳兆业珑樾壹号、金科照母山项目B5-1/05地块二标段工程等多项工程中应用BIM技术在数字化档案与电子签名签章中。下面以重庆佳兆业珑樾壹号、金科照母山项目B5-1/05地块二标段工程为例简要介绍BIM技术在数字化档案与电子签名签章中的应用情况。

1. 重庆佳兆业珑樾壹号

1）项目概况

重庆佳兆业珑樾壹号坐落于大学城西路，以1.5低容积率规划打造洋房、美学院墅两大标杆作品，和鸣纯粹的高知圈层生活。项目内部配套约600m²健步花园、约350m²羽毛球活力场、约300m²全龄童乐园、约260m²自然客厅、约250m²壹号剧场，打造德、智、体、美、劳五美主题场景。

2）应用情况

（1）人员身份数字化。通过数字化云平台，项目方按业务功能在后台进行组织架构的角色分配，实现建设单位、施工单位、设计单位、勘察单位、监理单位等企业身份数字化、管理人员身份数字化，认证后申领对应的电子签章，可随时随地签约批复（图5.2.4-1）。

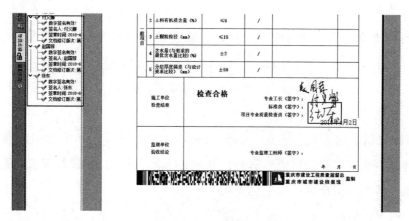

图5.2.4-1　电子签章

（2）数据完整传递，施工管理标准化。在施工过程中，平台会真实完整地记录整个施工阶段的施工日志、监理日志、监理月报、旁站记录等施工行为操作和现场管理情况，形成处理施工问题的备忘录和总结施工管理经验的基本素材，最终完善成为工程竣工验收资料的重要组成部分（图5.2.4-2）。

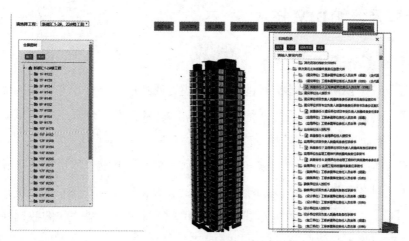

图5.2.4-2　档案资料关联模型

（3）智能化数据归档，分类推送至建委平台。平台将工程中日常行为的管理数据与资料档案进行互通，按照重庆市住房和城乡建设委员会统一要求用表，通过自动化、智能化的方式对结构性表格进行数据填充，以形成真实可靠、具备关联性及可溯源的工程数据资料。

2.金科照母山项目B5-1/05地块二标段工程

1）项目概况

项目位于重庆市金州商圈核心区域，总建筑面积18.8万m²，汇集中心高层、写字楼、SOHO公寓、全球化商业，引进豪华五星级新金科大酒店，引入了LEED和WELL评估体系，由地下车库、酒店、多层商业、超高层写字楼组成。

2）应用情况

（1）BIM精细化管理。利用三维模型进行各类虚拟样板和施工工艺模拟的制作，让施工及管理人员能够快速掌握各类施工标准，工艺、流程及方法，通过不断完善各类虚拟样板形成公司标准化体系。

（2）档案资料信息化。对施工过程的图纸、模型、质量、安全、会议、往来文件、合同等文档资料以及视频、音频资料实时更新，将模型和相关资料进行挂接，利用云数据中心进行资料的备份，防止人为的因数导致资料的缺失、失真，为竣工后的电子资料移交提供数据依据。

5.3 运营及维护BIM技术

运营及维护BIM技术是指通过3D的方式呈现其视觉形态，并将相关信息关联到该模型，通过点选模型获得详细信息，基于B1M技术的全真三维建筑展示，建筑物的各项数据能通过三维视图直观表现。

采用B1M技术对于运维业务而言是一种辅助优化手段，项目需从一开始就由业主组织项目各参与方分配、协调运维信息的收集工作，并在项目实施的过程中不断收集信息，以结构化的数据形式存储在BIM模型或与模型关联的数据库中，项目竣工后可以将运维信息导入到运维管理系统。

5.3.1 技术内容

1）业主宜在项目开始时，制定运维信息的收集范围及数据标准，并组织各参与方协商分配运维信息收集工作，各参与方在项目不同阶段按照要求采集运维信息。

2）从不同源头获取的信息均可保存在数据库，但数据库的设计应和信息模型的信息架构相对应。

3）运维管理系统可在轻量化模型中漫游浏览，查看设施的相关资料和信息，直观了解隐蔽管线及设备的整体情况，并可通过关键词、组合条件查询相应内容。

4）运维管理系统三维的形式直观对房间使用情况、能耗使用情况，费用开销，各设备的运行情况，维保周期，空间位置等信息进行管理。

5）运维管理系统宜包含控制、报警、检测等功能，通过模型的颜色表达设备的运行状态，也可通过模型控制设备。

6）运维管理系统可提取各类设备的保养维护周期自动生成运维计划表，检修人员可按计划对设施设备进行维护并更新维护状态。

7）故障检修时可通过移动端扫描设备上的二维码，进行设备定位，登记故障。在检修过程中可以查看故障构件的相关模型、图纸、历史维修信息、维修方法等。

5.3.2 技术指标

1）运维管理系统应从建筑信息模型中获取构件、空间的基本信息，使用定制的表格填写信息，使用BIM管理系统的移动端输入现场信息，使用移动端读取条形码、二维码、RFID芯片等。

2）对于不会变化的数据信息宜存储在模型上，对于变化的数据需不断记录信息并存储在能够加载到轻量模型上的数据库。

3）对于没有数据接口的BIM软件，需将信息模型输出符合信息交换标准的电子表格，再将电子表格中的数据导入到运维管理系统。

4）对于有数据接口的BIM软件，可通过数据交换模块从信息模型提取数据到运维管理系统。

5.3.3 适用范围

适用于建筑工程的运营及维护管理。

5.3.4 工程案例

南京长江之舟项目、华润深圳湾国际商业中心BIM智慧运维管理项目、武汉博览中心二期工程项目、武汉经济开发区沌阳街民营工业科技区一区12MC地块工程等多项工程中应用BIM技术在运营及维护中。下面以华润深圳湾国际商业中心BIM智慧运维管理项目、武汉经济开发区沌阳街民营工业科技区一区12MC地块工程为例简要介绍BIM技术在运营及维护中的应用情况。

1.华润深圳湾国际商业中心BIM智慧运维管理项目

1）项目概况

华润深圳湾国际商业中心BIM智慧运维管理项目，利用BIM模型优越的三维可视化空间展现能力，以BIM模型为载体，将各种零碎的信息数据进一步引入到建筑运维管理功能中。同时，将设施设备管理、空间管理、能耗管理、安防管理、物业管理、综合管理等各个子系统有机地结合在一起，帮助管理人员提高管控能力，提高工作效率，降低运营成本。

2）应用情况

（1）三维可视化管理，提高设备管控能力。不同于以往纸质版或复杂的电子版资料，用三维模型承载信息，以更加简单直观的方式来呈现，达到"所见即所得"，点击任意设施设备，都可以快速调出所有相关信息。通过三维模型，还可以直观地查看管线的上下游关系，查看设备实时运行状态信息，提高运维人员工作效率。通过三维模型，可以降低图纸、电子文档的阅读难度，从而降低了对基层物业管理人员的门槛要求，基层人工费用可降低至原先的80%（图5.3.4-1）。

（2）提高空间使用率，BIM运维平台支持对空间进行在线划分与管理，精准化管理每个房间，计算每个房间的数据（面积、租户/部门、人员、能耗、成本），同时可以精细化管理房间内的每一个员工卡座，灵活统计每个租户/部门的使用空间及成本，最终为管理员计算出最佳空间优化方案，使空间使用率提高20%以上（图5.3.4-2）。

（3）灵活的工单体系，全面实现工单信息化管理（检修报修、维护保养、日常巡检），用户通过微信一键报修，维修人员通过APP实时获取工单，结合三维模型快速定位、快速获取解决方案、快速完成检修维修工作，让工作变得高效便捷，对

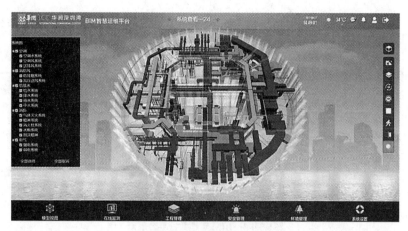

图5.3.4-1　BIM运维平台展示

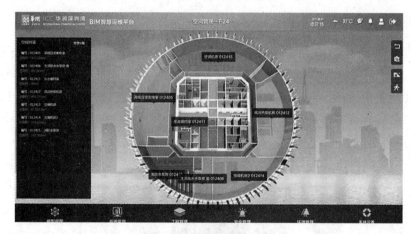

图5.3.4-2　BIM运维平台展示

于资产分散的大型集团，可与集团总部设立综合数字管理中心，将所有其他地区的运维信息汇总至集团中心，高层管理人员可一键查看任一项目运行情况，提高管控效率。（图5.3.4-3）。

2.武汉经济开发区沌阳街民营工业科技区一区12MC地块工程

1）项目概况

项目建设用地位于武汉经济开发区沌阳街民营工业科技区一区12MC地块，东风大道与车城南路交会处，总用地面积为139091.02m²，占地约200亩。项目将保留大部分园区建筑，对16栋框架厂房和1栋行政办公楼改造并结合局部拆除和新建，对园区西南角、东南侧的4栋轻钢结构厂房拆除后，将新建1栋科技研发楼（含超级孵化器、智慧共享办公空间、科技馆、会展中心等，地上5层+地下1层）、

图5.3.4-3　BIM运维数据平台展示

一栋智慧立体停车库和1栋新建机房。

2）应用情况

（1）在项目的实施过程中，BIM技术实现了项目全生命周期可视化集成管理。构建并实现了设计评审系统、预制构件安装模拟、应急疏散模拟、多主体工程图文档管理、空间管理、设备应急系统、低碳评价系统、业主会议支持与服务、现场看板管理、基于BIM的可视化项目管理系统等功能（图5.3.4-4）。

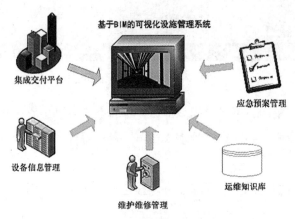

图5.3.4-4　BIM运维管理系统展示

（2）利用网络和数据化达到图纸的有序化、科学化管理，并建立授权用户通过互联网的访问体系，提升项目图纸的管理效率，已完成前期部门图文文档管理系统开发及交付，并根据实际要求持续更改。根据其余部门图文档分类体系需求建立各自的体系，在图文档分类体系下，用户可以自行上传图纸文件，并管理图纸状态以方便授权用户在网络上进行下载。

（3）三维可视化BIM根据实体模型，集成化人员定位系统、视频监控系统、入侵报警、门禁监控等系统，实现了系统软件之间的即时联动，BIM实体模型自动定位到出现异常空间位置，自动识别视频监控系统，达到智能安全管理的目的（图5.3.4-5）。

图5.3.4-5　BIM运维安全系统展示

（4）BIM工程项目管理系统，根据现场实际需求划分了工程进度管理、成本管理、模型质量属性和用户管理等四大功能模块，为工程项目管理人员搭建了一个综合信息平台，提供了BIM模型浏览、进度导入、资源信息浏览、进度跟踪和施工进度模拟等多个简便易用的管理工具。

第6章

工程造价信息化技术

6.1 基于BIM的工程计量技术

基于BIM的工程计量技术是指在设计软件创建的BIM模型的基础上，按工程造价计量方式（全国或地区计算规则）计算工程量，将工程量和清单（定额）项映射匹配，最终输出带工程量的清单（定额）数据。在整个工程项目的计量过程中仅使用一套模型，既实现了设计BIM模型的一模多用，最大限度提升设计BIM模型的复用度，又减少了模型重复构造、维护的成本，使得下游对量、核量来源唯一，工程变更维护更加透明，招标投标流程的运作速度更加迅捷。

目前BIM技术在工程精细化计量中已经有了一些实践，但若要将BIM技术直接应用于建筑工程计量管理，现阶段仍存在以下两个关键问题：①设计软件和算量软件是两个不同的软件，设计软件中没有内置工程量的计算规则，无法直接输出国标清单工程量。往往需要算量软件单独建模，导致建模过程在设计软件和算量软件中都需要进行一次，存在重复工作。②设计软件和算量软件使用的模型定义不同，模型复用时，需要通过标准的转换协议来完成模型的转换工作，转换过程会存在上游设计模型缺少下游算量模型需要的数据的问题，或者上游设计模型在下游算量软件中找不到合适的模型对应的情况。上下游模型间的差异导致模型转换完成后，仍然无法全面准确地支撑工程量计算操作，最终计算出来的工程量很难满足实际工作的要求。

实现基于BIM的工程计量技术需要一套综合的技术实现方案，涉及BIM技术、图形技术、AI、云计算等多种技术手段。主流的技术方向主要有两个：一个是基于模型转换标准转换BIM模型实现计量，另一个是通过设计软件映射计算规则实现计量。广联达BIMQ算量产品在模型转换技术方向作了深入的探索和实践，目前已经实现将云计算服务直接嵌入设计产品端，提供独立的算量服务。这一技术实现方式的优点体现在：不用安装算量端产品，计算能力强大，规则覆盖全，可以使用传统翻模算量产品（例如广联达BIM土建计量平台GTJ2021、广联达BIM安装计量GQI2021等）完整的计算规则和计算设置。对于模型转换技术会存在数据丢失的问题，业界也在积极探索基于设计软件映射计算规则算量的实现方案。

6.1.1 技术内容

1.BIM辅助设计

设计阶段创建的BIM模型，当模型质量和精度无法满足算量的要求时，需要将设计BIM模型导入算量软件（例如广联达BIM土建计量平台GTJ2021）中，并对模型进行补充完善，最终形成可以支撑计算的算量模型，配合计算规则完成计算，输出工程量清单。

2.BIM正向设计

设计阶段创建的BIM模型，在该模型达到算量标准和要求的前提下，下游各方可以直接调用云算量服务完成BIM模型范围的工程量计算，输出工程量清单。具体的操作流程为：用户使用三维设计平台（例如广联达数维设计软件、Autodesk Revit）建立各个专业的构件，将创建完成的BIM模型导入云算量服务平台，云算量服务会通过模型转换标准（IFC或GFC，数字建筑数据交换标准）转换为算量模型，再配合计算规则完成工程量计算。

3.模型转换

模型转换是将设计BIM模型转换为算量模型，转换过程涉及的最重要的技术内容就是模型转换标准，目前业界使用较多的主流标准有IFC和GFC。GFC标准在目前云算量服务的支持程度较高，基本可以满足常见的建筑、结构、装饰构件，并且支持常用构件的钢筋数据转换。

4.模型编辑、展示、校验

基于BIM模型标准，提供用户建筑、结构、机电等多专业建模编辑、添加设置信息、模型展示、校验的功能。如前文所述，设计BIM模型导入算量软件中，往往不能完全支撑算量业务，这时就需要给算量人员提供模型显示、编辑、校验的功能，使其能够快速地发现模型问题，以便人为手动赋予模型相关算量信息，且较为快速、便捷地编辑、补充及完善模型数据。

5.计算工程量

设计BIM模型转换为算量模型后，就可以基于用户指定的计算规则完成工程量计算。这一过程可以基于云服务的技术完成，算量服务云化的优势在于：①可以对接多个设计端，不用在本地安装算量软件，减少在本地客户端的资源占用，操作简便；②与广联达BIM土建计量GTJ2021、广联达BIM安装计量GQI2021等相关算量产品沿用相同的计算规则，计算出的工程量具备权威性。计算规则齐全，不需要在Revit或其他设计软件中做模型和规则映射的关系内容。

6.工程量转换

在完成工程量计算后，输出构件对应的工程量数据，需要将国标清单和构件工程量做映射匹配，这样可以很方便地输出带工程量的招标工程量清单。也可以将构件工程量、构件匹配的清单数据做成服务接口，供第三方调取使用，以便能够更灵活地使用工程量结果来满足不同的业务场景。

6.1.2 技术指标

1.模型转换应符合的标准

当采用国标算量时，应符合现行标准ISO 16739：2013（IFC），ISO 12006—3：2007（IFD），ISO 29481—1：2016（IDM），《建筑信息模型存储标准》GB/T 51447—2021，《建筑信息模型分类和编码标准》GB/T 51269—2017，《建筑信息模型设计交付标准》GB/T 51301—2018；当采用商业算量时，应符合其对应的相关技术标准，例如《广联达GFC标准》。

2.模型转换率

模型转换时应使用业界通用的转换标准，例如IFC、GFC。行业现有的模型转换标准也会有覆盖不全的场景，例如实际项目中造型很复杂的构件，在转换时很难保证全部内容都转换成功，再如设计模型的复杂构件在算量模型中没有对应的构件，这时只能将构件的几何数据转换到算量模型中通用的构件上，这些场景都会丢失构件相关的数据信息。因此需要定义模型转换率指标，用来衡量模型转换过程中成功和失败占比的情况。

3.工程量准确度

基于BIM算量和传统算量的结果误差值应不大于1%。基于BIM的工程计量技术，可以大幅提升工作效率，但是项目管理时不会只关注提效一个维度，质量维度也是项目管理重点关注的维度。工程量准确度需要有对比的数据才能测量出来，可以使用传统算量方式和基于BIM算量方式分别计算相同的业务场景，最终比较一下两种计算方式产出的工程量结果的差异。这个过程需要设计完整全面的测试场景来充分暴露并发现问题。当两种计算方式在越来越多的场景下，产出的工程量结果偏差都在合理的误差范围内，人们对基于BIM的工程计量技术手段就会更加有信心，也就会慢慢成为主流的计量手段。

4.具备完备的、业务场景覆盖完全的测试案例的模型

BIM算量新增能力后，需要同步更新一下测试案例，使用测试案例分别运行BIM算量和传统算量，通过对最终结果的比较可以快速验证BIM算量能力是否符合预期。

6.1.3　适用范围

适用于所有使用原生BIM模型计算工程量的场景。

6.1.4　工程案例

南海国际——丹灶中学综合楼项目、金地格林梦想1期项目、岱山县衢山镇三弄村渔村生活污水提示改造工程投标项目等多项工程中应用BIM技术在工程计量中。下面以南海国际——丹灶中学综合楼项目、金地格林梦想1期项目为例简要介绍BIM技术在工程计量中的应用情况。

1.南海国际——丹灶中学综合楼项目

1）项目概况

丹灶中学综合楼、艺术楼，建筑类型为初中教学楼，多层民用建筑。结构形式为框架结构。总建筑面积为6579.30m²，地上5层，总建筑高度22.15m。项目实施范围为标准层结构建模算量。

2）应用情况

设计阶段建筑、结构产品使用BIM算量产品建立结构三维模型（图6.1.4-1），算量阶段为结构标准层。客户的核心诉求是满足限价要求，不超概算。政府限价设计要求为2000元/m²，通过设计算量一体化，过程中控制预算，进行结构优化的楼栋（2、5号子项）土建造价减少约11.3万元，满足甲方限价要求。混凝土、

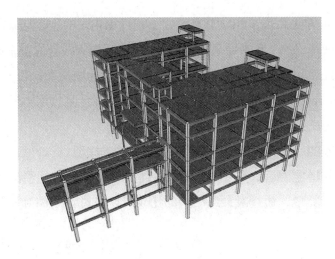

图6.1.4-1 结构三维模型

钢筋统计精度较高。钢筋工程量偏差率0.35%，混凝土、模板工程量偏差率1.5%，工程量清单场景下混凝土的统计精度已在较令人信任的合理区间内（表6.1.4-1、表6.1.4-2）。

传统算量与BIM算量钢筋工程量数据对比　　　　　　　　表6.1.4-1

序号	构件	钢筋			
		传统预算量（kg）（传统算量）	BIM测试量（kg）（一体化算量）	偏差量（kg）	偏差率
1	柱	13430.875	13420.749	10.13	0.08%
2	梁	24036.066	24235.152	-199.09	-0.83%
3	现浇板	10380.533	10366.228	14.31	0.14%
4	小计	47847.474	48022.129	-174.65	-0.37%

传统算量与BIM算量混凝土、模板工程量数据对比　　　　表6.1.4-2

序号	项目编码	项目名称	项目特征描述	计量单位	传统预算量（传统算量）	BIM测试量（一体化算量）	差值	偏差率
混凝土工程								
1	010502001001	矩形柱	矩形柱 1.混凝土种类：商品混凝土； 2.混凝土强度等级：C30	m³	77.48	77.48	0.00	0.00%
2	010505001001	有梁板	C30现浇有梁板；板厚200内（泵送商品混凝土）	m³	225.91	225.90	0.01	0.01%

序号	项目编码	项目名称	项目特征描述	计量单位	传统预算量（传统算量）	BIM测试量（一体化算量）	差值	偏差率
3		小计		m³	303.39	303.38	0.01	0.00%
模板工程								
1	011702002001	矩形柱	矩形柱；复合木模板	m²	542.26	542.26	0.00	0.00%
2	011702011001	矩形梁	矩形梁；复合木模板	m²	811.77	811.31	0.46	0.06%
3	011702014001	有梁板	现浇板厚度20cm内；复合木模板	m²	1029.22	1029.67	-0.45	-0.04%
4		小计		m²	2383.25	2383.24	0.01	0.00%

2.金地格林梦想1期项目

1）项目概况

金地格林梦想1期项目，工程规模19237.55m²，包含业态为住宅，坐落位置在葛店。

2）应用情况

对设计师工作量的统计：因为考虑算量对设计师建模工作量（图6.1.4-2、

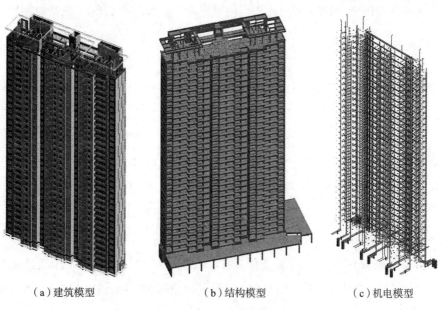

（a）建筑模型　　　　　　（b）结构模型　　　　　　（c）机电模型

图6.1.4-2　模型展示

图6.1.4-3）增加了3天。不考虑算量建模工作量为6天。考虑算量建模工作量/修正模型为9天。

楼层	名称	板厚(m)	面积(m2)	超高体积(m3)	超高面积模板(m2)	模板面积(支模高度3.6M以下)(m2)	模板面积(支模高度3.6-10M)(m2)	模板面积(支模高度10-20M)(m2)	模板面积(支模高度20-30M)(m2)	模板面积(支模高度30M以上)(m2)	超过3.6M模板加量(m2)	超过10M模板加量(m2)	超过20M模板加量(m2)	底面高大模板面积(m2)	侧面高大模板面积(m2)	超面高大模板面积(支模高度超过9m)(m2)	弧形边长(m)	高大模板体积(按含模量)(m3)	高大模板体积(m3)	模板超面高支模体积(m3)
-1F	楼板-180mm	6.66	491.1275	361.6789	2.6386	0	415.348	0	0	0	1246.044	0	0	0	0	0	0	0	0	11580.8375
	楼板-250mm	9.75	1078.2604	762.6095	13.4474	0	965.6955	0	0	0	2020.8979	0	0	0	0	0	0	0	0	15360.0225
	楼板-70mm	0.24	25.7	11.6353	0.0288	0	22.8599	0	0	0	68.5797	0	0	0	0	0	0	0	0	539.3236
	楼板-100mm	0.5	32.5263	16.0682	5.5	0	32.7900	0	0	0	98.3727	0	0	0	0	0	0	0	0	1015.694
	混凝土板120 mm	1.06	25.48	7.639	1.029	10.927	12.119	0	0	0	31.1646	0	0	0	0	0	0	0	0	337.8485
	小计	18.23	1653.1022	1159.5309	22.6438	10.927	1448.8133	0	0	0	3465.0589	0	0	0	0	0	0	0	0	28633.7261
-01	楼板-120mm	0.48	11.4079	1.1428	0	8.72	0	0	0	0	0	0	0	0	0	0	0	0	0	25.288
	叠合板-70mm	2.59	518.4111	33.7871	0.958	74.2784	0	0	0	0	0	0	0	0	0	0	0	0	0	210.2892
	楼板-100mm	0.3	40.1391	3.6607	0.112	34.0307	0	0	0	0	0	0	0	0	0	0	0	0	0	97.3531
	叠合板-150mm	0.3	6.12	0.612	3.054	7.094	0	0	0	0	0	0	0	0	0	0	0	0	0	11.5544
	叠合板-130mm	0.26	0.195	0.0228	0.0746	0.1646	0	0	0	0	0	0	0	0	0	0	0	0	0	0.261
	混凝土板100 mm	0.4	3.92	0.3914	0.909	4.8224	0	0	0	0	0	0	0	0	0	0	0	0	0	11.1534
	预制板-60mm	2.16	84.7233	28.8263	0.492	462.5648	0	0	0	0	0	0	0	0	0	0	0	0	0	1301.8
	楼梯-平台板	0.24	5.88	0	0	6.432	0	0	0	0	0	0	0	0	0	0	0	0	0	0
	小计	7.23	670.7964	68.4431	5.5996	598.1069	0	0	0	0	0	0	0	0	0	0	0	0	0	1657.6991
-02	楼板-120mm	0.34	44.943	1.1428	0	39.725	0	0	0	0	0	0	0	0	0	0	0	0	0	25.288
	叠合板-70mm	2.59	518.421	33.7429	0.958	34.1844	0	0	0	0	0	0	0	0	0	0	0	0	0	210.2892
	楼板-70mm	0.3	40.1391	3.6607	0.132	34.0511	0	0	0	0	0	0	0	0	0	0	0	0	0	97.3543
	叠合板-150mm	0.3	6.12	0.612	3.054	7.094	0	0	0	0	0	0	0	0	0	0	0	0	0	11.5544
	叠合板-130mm	0.26	0.195	0.0228	0.0746	0.1646	0	0	0	0	0	0	0	0	0	0	0	0	0	0.261
	混凝土板100 mm	1	13.2196	0.3914	0.909	15.5928	0	0	0	0	0	0	0	0	0	0	0	0	0	11.1534
	预制板-60mm	2.16	84.7233	28.9769	0.504	462.6913	0	0	0	0	0	0	0	0	0	0	0	0	0	1302.1242
	楼梯-平台板	0.24	5.88	0	0	6.432	0	0	0	0	0	0	0	0	0	0	0	0	0	0
	小计	8.19	713.641	68.3715	5.5376	599.9352	0	0	0	0	0	0	0	0	0	0	0	0	0	1658.0245
-03	楼板-120mm	1.44	16.7281	1.7464	0.0294	13.3897	0	0	0	0	0	0	0	0	0	0	0	0	0	38.745
	叠合板-70mm	3.85	503.694	31.6817	2.1684	2.7509	0	0	0	0	0	0	0	0	0	0	0	0	0	1.6908
	叠合板-70mm	0.9	44.7057	4.0366	0.16	38.0058	0	0	0	0	0	0	0	0	0	0	0	0	0	106.4216
	叠合板-150mm	0.3	6.12	0.612	3.038	7.078	0	0	0	0	0	0	0	0	0	0	0	0	0	11.716
	叠合板-130mm	0.26	0.195	0.0228	0.0584	0.1484	0	0	0	0	0	0	0	0	0	0	0	0	0	0.261
	混凝土板120 mm	0.24	0.96	0.0832	0.0143	0.3354	0	0	0	0	0	0	0	0	0	0	0	0	0	0.9313

柱　剪力墙　砌体墙　墙面　梁　连梁　现浇板　直形梯板　自定义体

图6.1.4-3　BIM工程量展示

BIM算量带来工作量增加：算量工作量1天，分析量差工作量1天。

客户评价：对于指标复核有一定的对比指导意义。整体计算比较方便，比Autodesk Revit自带工程量统计节约大量时间，工程量分类也比较齐全，各项数据比较完善。但仍存在部分工程量分类错误，工程量和Autodesk Revit统计量有偏差的情况。此外模型识别及计算时间较长，模型更新后需要重新计算，花费时间较长。

6.2 基于BIM的工程计价技术

基于BIM的工程计价技术是指在工程计价领域融入BIM技术，以提升工程造价的编制速度，在组价算法、招标投标阶段助力项目快速解决工程问题。计价业务贯穿整个建筑流程，设计、招标投标、施工等过程都需要计算造价，同时业务区域性较强，全国各省市由于区域差异，都有自己特有的计价规范。客户需要一个计价产品，可以完成全国各地全过程造价工作。目前，国内相关企业基于组件化技术，攻克了通性平台＋特性扩展的方式，并同时支持全国30多个省市的计价规范并存。

中美博弈、中兴华为等技术封锁事件，促使国产化进程加速，国内企业积极响应政府号召，国产化软件迎来布局良机。通过国产化技术，使计价能够在自己的系统或平台上完成编制，提高数据安全性。

1.智能技术——智能算法

由于咨询行业造价趋势的转变，促使企业全面转型，而利用智能技术助力企业转型成功成为新的方向。利用历史的数据整理出标准化清单和组价方案，造价人员在列项阶段直接调用清单和组价，规范人员编制清单行为，提升列项组价的效率；基于标准数据提升指标沉淀效率。通过搭建企业清单模板数据标准和组价方案库，利用算法（规则）提升企业内部编制控制价的质量和效率，进一步减少审核的工作。

智能组价在经历几年的算法更新和积累后，匹配率和准确率基本趋于稳定，很难再有突破。中介企业尤其是新人较多的企业，通过智能应用能够有效降低对造价从业人员经验的依赖，优化人员结构。同时头部企业看重建设行业的标准，通过内部数据搭建，提升内部效率和质量，创建行业的数据标准。

2.智能技术——智能投标

我国建筑行业每年开标次数约为171万次，一般每一位预算员平均需要花费2～3个工日完成一份标书的基础工作，但是往往这些基础工作对于中标起不到太大的作用，经过不准确统计，（每年的开标次数）×（每次开票投标的用户数量）×（每次标书花费的时间）大约为206160000小时=8590000天=23534年。这些工作基本上是可以利用计算机通过一定的数据采集、清洗、生成、组合再利用等帮助用户极大程度地缩短投标工作80%的时间投入。

但是常规的技术只能解决用户的部分问题，例如清单指引。由于数据属于标准数据，导致每个用户的组价基本一致，而复用数据完全依据用户自身数据的积累程度，对于一些新手造价人员基本没有太高的利用价值。

而智能投标技术可以帮助用户提供丰富的差异化组价方案，帮助用户解决投标阶段时间紧、任务重的问题，一键批量组价，用项目方案库里推荐算法生成的方案能确保精准匹配，解决投标编制阶段80%的基础操作，为用户带来巨大的效率提升，释放双手以处理更专业的工作，实现轻松投标。

3.国产化技术

政府推动三年内在国家机关和公共机构全面替换外国硬件、软件和操作系统的行动即是"国产化"。"国产化替代"究竟替什么？答案是替代被垄断的外国产品。中兴事件发生之后，"芯片"发展备受关注，中国信息产业对"芯片"投入大量研发。实际上，在中国信息产业的前进中，除了"芯片"发展受到限制以外，"软件操作系统"也同样受到制约。

但需要注意的是，即使有了国产芯、国产操作系统，却依然没有解决根本问题——缺乏国产软件的生态。国产软件的生态"环环相扣"，以芯片为底层搭建，以操作系统、数据库等作为中层构件，以海量产品和服务作为上层应用。要建立稳定、健康的国产软件生态，除了需要打造国产芯片、国产操作系统和国产数据库等硬件设备外，还需要大量的第三方应用和服务来适配。这样，国产软件生态才能茁壮成长。

6.2.1 技术内容

1）将企业大量历史典型工程通过解析、数据清洗完成企业清单库及对应组价方案库建设，基于企业数据搭建算法平台，打造企业私有算法，最大限度地将企业数据高效复用，减少作业人员定额套用时间，含组价载入及主材智能替换，支撑招标投标过程的快速组价编制，为作业人员减负。其核心内容如下：

（1）使用个人数据、企业数据进行组价方案智能匹配，控制智能换算类型，按选择类型进行智能换算规则转换；

（2）管理员上传数据到数据库，普通用户通过AI加速器匹配，智能匹配优质方案；

（3）需要对材料通过前台设置管理是否进行换算，组价完成后会自动根据换算规则进行换算。

2）通过键值对的方式抽象清单及定额组价方案，每一条清单对应字符串的一位，用下标表示为key，每一条清单的组价方案标示为value，如果有多个专家，那么每一位的value可能是：0（未组价）、1（方案一）、2（方案二）。随机算法，依据方案数量随机生成带权重的组价方案并且每条生成的方案完成度需要大于80%，且每个方案占比都要平均权重；相似度计算算法，计算两个字符串转换时需要的最少操作，需要的操作越少说明这两个字符串越相似。

3）国产化技术。Linux是一套免费使用和自由传播的类Unix操作系统，是一个基于POSIX（Portable Openating System Interface，可移植操作系统接口，缩写为POSIX）和UNIX的多用户、多任务、支持多线程和多CPU（Central Processing

Unit，中央处理器，简称CPU）的操作系统。国产化技术在价格方面，操作系统具有相当大的优势；在安全方面，因为电脑上的应用程序都是在操作系统的支持之下工作的，操作系统厂商能够获取足够多的信息，因此国产化的操作系统相关信息可以自主拥有。基于此，计价支持国产化技术是大势所趋。

6.2.2 技术指标

1.功能指标

数据库、软件适配和存储备份软件均能做到安装、卸载、服务启停等基本功能与Linux操作系统的兼容性要求。

2.智能算法复用性

清单规则在跨企业应用的普适性较高，90%以上可直接复用，清单规则在跨地区应用的普适性可达到50%～60%，已处理清单范围覆盖房建型企业70%的主要应用清单。

3.算法匹配率及准确率

企业算法匹配率90%，准确率90%；智能投标方案的组价准确率要高于80%，单方案的存储大小非常小。

4.标书相似度

一份或者多份标书可生成至少100份的标书，生成的标书两两之间相似度不得高于70%，标书整体完成度要大于80%。

6.2.3 适用范围

适用于工程造价业务的全过程。

6.2.4 工程案例

企业标准清单及智能算法定制项目、岱山县衢山镇三弄村渔村生活污水提示改造工程投标项目、苍南县灵溪镇第四小学改扩建工程等多项工程中应用BIM技术在工程计价中，下面就该项技术在三个项目中的应用情况作简要介绍。

1.企业标准清单及智能算法定制项目

1）项目概况（简短描述）

中建系统投标部投标数量多，项目广泛，商务人员针对定额套取工作量大，重复性较高，希望能够借助广联达平台实现智能识别项目特征——进行字段映射定额，达到实现智能套定额目的，商务人员针对定额套取工作量大，重复性较高，尤其安装专业主材换算纯人工粘贴复制；从公司角度看，企业期望作一些新的数字化尝试，可以产生真实的应用价值，作为行业标杆引领。

2）应用情况

将企业大量历史典型工程通过解析、数据清洗完成组价方案库建设，基于企业数据搭建算法平台，打造企业私有算法，最大限度地将企业数据高效复用，减少作业人员定额套用时间，含组价载入及主材智能替换，支撑投标过程的快速组价编制，为作业人员减负。

2.岱山县衢山镇三弄村渔村生活污水提示改造工程投标项目

1）项目概况

项目投资估算647.09万元，工程概算636.72万元，其中建安工程造价544.86万元，主要包括新建污水管网、附属构筑物，以及相应的路面修复工程等，建设地点位于岱山县衢山镇三弄村。

2）应用情况

使用广联达新建项目共计28个子项工程，其中86%使用智能投标完成基础组价，组价准确率高达90%，百条清单组价时间15秒。

3.苍南县灵溪镇第四小学改扩建工程

1）项目概况

建设地点位于苍南县灵溪镇第四小学校园，总用地面积约21.2亩（其中需新征用地约4.8亩），主要建设内容包括新建教学综合楼、传达室及司令台等总建筑面积4330m²，改建室外150m环形跑道运动场一座，原教学楼外立面及食堂改造、道路、绿化等设施同步建设。项目总投资估算2350万元（含二次装修及教学设备配置费用）。

2）应用情况

使用广联达新建项目共计25个子项工程，其中88%使用智能投标完成基础组价，组价完成率高达85%，帮助用户在基础组价阶段提效80%。

6.3 基于BIM和大数据的项目成本分析与控制信息技术

基于BIM和大数据的项目成本分析与控制信息技术，是利用BIM模型数据直接渗透参与项目成本管理和信息化管理，配合大数据技术更科学有效地提升工程项目成本管理水平和技术管控的能力。通过建立大数据分析模型，充分利用项目成本管理信息系统积累的海量业务数据，按业务板块、地区、重大工程等维度进行分类、汇总，对"人、材、机"等核心成本要素进行分析，挖掘出关键成本管控指标并利用其进行成本控制，从而实现工程项目成本管理的过程管控和风险预警。企业一切活动的中心就是最大限度获取效益，以促进企业的生存和发展，工程成本控制的最终目的，就是向成本要效益。加强项目经理和广大职工的效益观念和成本意识，根据工程项目实际情况，在建设项目的扩大收入、内控成本、量价双控等方面，各个环节进行精细化管理，才能获得最佳的经济收益。

BIM建筑信息模型是以建筑工程项目的各项相关信息数据作为模型的基础，进行建筑模型的建立，通过数字信息仿真模拟建筑物所具有的真实信息。在数字化时代，未来每个房子将"建两遍"，先全数字化虚拟建造一遍，再工业化实体建造一遍。在虚拟建造过程，参建各方通过数字建筑平台进行智能设计、虚拟生产、虚拟施工和虚拟运维的全过程数字化打样，交付设计方案最优，实施方案可行，商务方案合理的全数字样品。再通过基于数字孪生的精细化到工序级的精益建造，在物理世界中建造出工业级品质的实体建筑，做到项目浪费最小化、价值最大化，将建造提升到现代工业级精细化水平。

6.3.1 技术内容

1.项目成本管理信息化主要技术内容

1）项目成本管理信息化技术是要建设包含收入管理、成本管理、资金管理和报表分析等功能模块的项目成本管理信息系统。

2）收入管理模块应包括业主合同、验工计价、完成产值和变更索赔管理等功能，实现业主合同收入、验工收入、实际完成产值和变更索赔收入等数据的采集。

3）成本管理模块应包括价格库、责任成本预算、劳务分包、专业分包、机械设备、物资管理、其他成本和现场经费管理等功能，具有按总控数量对"人、材、机"的业务发生数量进行限制，按各机构、片区和项目限价对"人、材、机"采购价格进行管控的能力，能够编制预算成本和采集劳务、物资、机械、其他、现场经费等实际成本数据。

4）资金管理模块应包括债务支付集中审批、支付比例变更、财务凭证管理等功能，具有对项目部资金支付的金额和对象进行管控的能力，实现应付和实付资金数据的采集。

5）报表分析应包括"人、材、机"等各类业务台账和常规业务报表，并具备对劳务、物资、机械和周转料的核算功能，能够实时反映施工项目的总体经营状态。

2.成本业务大数据分析技术的主要技术内容

1）建立项目成本关键指标关联分析模型。

2）实现对"人、材、机"等工程项目成本业务数据按业务板块、地理区域、组织架构和重大工程项目等分类的汇总和对比分析，找出工程项目成本管理的薄弱环节。

3）实现工程项目成本管理价格、数量、变更索赔等关键要素的趋势分析和预警。

4）采用数据挖掘技术形成成本管理的"量、价、费"等关键指标，通过对关键指标的控制，实现成本的过程管控和风险预警。

5）应具备与其他系统进行集成的能力。

6.3.2 技术指标

1.采用大数据采集技术

建立项目成本数据采集模型，收集成本管理系统中存储的海量成本业务数据。

2.采用数据挖掘技术

建立价格指标关联分析模型，以地区、业务板块和业务发生时点为主要维度，结合政策调整、价格变化等相关社会经济指标，对劳务、物资和机械等成本价格进行挖掘，提取适合各项目的劳务分包单价、物资采购价格、机械租赁单价等数据，并输出到成本管理系统中作为项目成本的控制指标。

3.采用可视化分析技术

建立项目成本分析模型，从收入与产值、预算成本与实际成本、预计利润与实际利润等多个角度对项目成本进行对比分析，对成本指标进行趋势分析和预警。

4.采用分布式系统架构设计

降低并发量提高系统可用性和稳定性。采用B/S和C/S模式相结合的技术，Web（World Wide Web，全球广域网，简称Web）端实现业务单据的流转审批，使用离线客户端实现数据的便捷、快速处理。

5.通过系统的权限控制体系限定用户的操作权限和可访问的对象

系统应具备身份鉴别、访问控制、会话安全、数据安全、资源控制、日志与审计等功能，防止信息在传输过程中被抓包篡改。

6.数据安全策略

防火墙、IDS（Intrusion Detection System，入侵检测系统，简称IDS）、IPS（Intrusion Prevention System，入侵防御系统，简称IPS）技术：网络出入口架设防火墙等设备，杜绝非法侵入，有效监测越界行为并及时报警阻止。网络准入控制、统一身份认证：访问内网资源必须通过有效身份认证，并且分级授权内外网隔离，运维人员不能直接操作线上服务器，必须通过堡垒机、跳板机才能访问漏洞扫描、主机加固，对服务器定期扫描漏洞，主动修补加固，防止病毒入侵。

6.3.3 适用范围

适用于成本管理主线和基准清晰，以BIM模型为载体，实现高效在线化作业，并有数据积累需求的工程建设项目。

6.3.4 工程案例

基于BIM和大数据的项目成本分析与控制信息技术在中铁一局建安公司、北京建工土木工程有限公司等企业相关部门中应用。

1.中铁一局建安公司

1）企业概况

中铁十一局集团建筑安装工程有限公司系中铁十一局集团全资子公司，注册资金10亿元。具有房屋建筑工程施工总承包一级，市政公用工程施工总承包一级，铁路施工总承包二级，地基与基础、钢结构工程、建筑装修装饰、机电设备安装工程专业承包一级，环保工程专业承包二级资质企业。下辖十九个房建分部、二个市政分部、四个铁建分部，外加地基基础工程部、机械化施工部两个专业分部，共二十六个建制施工单位，公司机关驻湖北省武汉市武昌区丁字桥47号，机关设17个职能部门及收尾办公室和国际部2个临时机构。

2）应用情况（图6.3.4-1）

（1）项目效益：企业定额代表企业平均水平，保证成本的精确度。

（2）标前测算：造价2亿元项目以往需要2个人2天时间完成编制，现在1个人1天即可完成编制，并且是以企业的高水平（企业定额）进行测算，解决了项目投标前时间紧，需要快速出成本等问题。

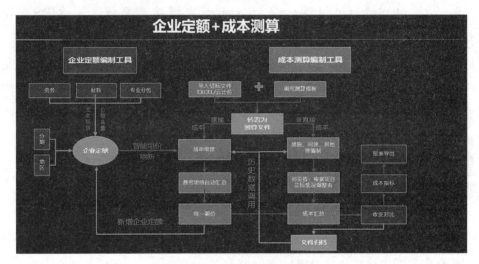

图6.3.4-1　企业定额+成本测算

（3）项目自检：结合项目自检，定位出2项清单成本漏项，共计成本14.7万元。

（4）企业效益：数字化转型实现从0到1，确定更新维护机制。

①数字化转型实现从0到1

企业定额与成本测算在线化关联进行应用，实现从线下EXCEL转向在线化数字化的成本编制，成本指标按照向下分包的口径输出收支对比结果。

②统一标准

a.统一科目建立：固化清单结合日常出指标的维度，统一企业测算科目，实现测算完成的文件用于向下的分包招标，成本指标的结果输出，进行数据流通，避免重复劳动。

b.收入分解方案库：解决了收入按照分包模式归集的难题，在项目应用过程中，通过智能化匹配，将收入根据成本口径归集，国标项目匹配率可达88%以上，精准率可达95%以上。

c.企业定额在线化部署：企业定额的标准列项以快速准确做成本测算为前提，在线调用企业定额并参考定额含量，通过项目核算得出成本量指标，持续对企业定额进行优化；解决了成编准确性及数据回流的问题。

d.企业定额智能匹配：将土建专业企业定额与国标清单建立关键字匹配，实现了在成本编制过程中，通过"企业定额智能匹配"功能快速进行国标清单和企业定额的智能化匹配。（本地清单）目前匹配率已达到85%，准确率90%以上。解决了成本编制效率问题。

（5）岗位价值：减少人为失误，成本编制提质增效。

①人工误差为0，保证成本的真实性：EXCEL测算是通过把企业定额链接到本清单下，然后进行各种单元格关联，故此难免会有链接错误等，导致成本失真，且不好发现。

②提高个人成本编制水平：以往只能靠自己经验编制成本，现在通过企业定位智能匹配，可以借鉴企业中较高水平，避免出现考虑不周导致确实缺少成本明细问题。

2.北京建工土木工程有限公司

1）企业概况

北京建工土木工程有限公司成立于1995年，前身为北京长城贝尔芬格伯格建筑工程有限公司，是北京建工集团有限责任公司独资组建的综合性施工总承包企业，注册资本6.5亿元。成立20多年来，公司业务范围涉及轨道交通、民用基础设施、地下空间、公路交通及大型公用建筑工程等领域。

2）应用情况（图6.3.4-2）

（1）成功应用周期：3个月。

（2）应用项目：目前已完成了2个正式项目的应用，其中1个项目完成了完整的成本策划。

（3）项目名称：华创、益生祥。

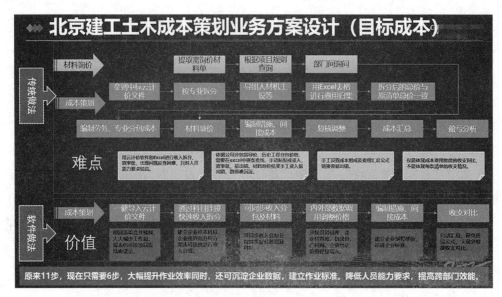

图6.3.4-2 北京建工土木成本策划业务方案设计

（4）项目效益：精准策划：数据分析效率高效、输出维度全面。

①试点项目总造价约为5.4亿元（不考虑税金），用平台测算利润率为2.67%，原Excel表格测算利润率为2%；相差0.67%约360万元（偏差原因为用表格测算时公式链接错误及输入材料单价时单位错误）；

②通过多维度的收支对比定位到了成本偏差的问题；

③原来拆解收入需要2～3天，应用测算模块0.5天。

（5）企业效益：规范作业模板、工作能100%执行落地；企业材料数据一键积累。

①建立企业标准，积累成本数据，形成企业资产；

②统一作业平台，打通部门壁垒，提高组织效能；

③辅助高效决策，提高核心竞争力；

④助力企业成本管理数字化转型。

（6）岗位价值：回标分析效率提升30%，报价分析结果多维度自动分析输出。

①计算逻辑内置，全程数据联动，避免手动设置公式链接错误；

②快速调用标准，智能收入分解、快速调用分包指导价，提高作业效率5倍以上；

③降低从业门槛，新人快速掌握成本策划业务。

6.4 基于物联网的工程总承包项目物资全过程监管技术

基于物联网的工程总承包项目物资全过程监管技术是指通过手持终端设备和物联网技术，实现集装卸、运输、仓储等整个物流供应链信息的一体化管控，实现项目物资、物流、物管（物业管理，简称物管）的高效、科学、规范的管理，解决传统模式下无法实时、准确地进行物流跟踪和动态分析的问题，从而提升工程总承包项目物资全过程监管水平。

随着建筑工程市场的竞争日趋激烈，各工程总承包项目的利润水平越来越低，这就要求在进行工程总承包的实施过程中进行精细化的管理，不断地从细节管理中去节约成本，提升管理水平，拓展在同行业中的竞争优势。在此背景下，传统粗放式的工程总承包物资监管方式已经不能适应精细化的管理要求，为更好地对工程总承包项目物资进行有效的监管，将近年来发展基本成熟的物联网技术与工程总承包项目物资全过程监管结合起来，利用信息化和现代化的技术手段进行工程总承包项目的物资全过程监管。遂提出基于物联网的工程总承包项目物资全过程监管技术，力求利用物联网技术建立从工厂到现场的"仓到仓"全链条一体化物资、物流、物管体系。

6.4.1 技术内容

在物流管理中，针对传统工程总承包项目物资管理中物流管理存在的问题，通过将物联网技术中的RFID（Radio Frequency Identification，射频识别，简称RFID）技术和GPS（全球定位系统，简称GPS）技术应用于工程总承包项目的物流管理中，使得物流管理数据进行自动化的收集和处理，并且能够实时查看、共享，并及时地将物流的信息进行掌握，以便合理、高效地进行物流运输。通过现代化的物联网技术，还可以将路况信息与物流配送车辆进行共享，并通过智能化的总控终端自动地计算出最优的物流运输路线，既能够提升物流的效率，也能够在物流调配中心通过智能化的终端自动根据物流车辆的车况和路况信息进行结合，合理地分析工程总承包项目物资的到位时间。在仓储管理中，针对传统工程总承包项目物资管理中仓储管理存在的问题，通过信息化技术完成仓储相关工作的规范化和流程化，使得工程总承包项目物资的订单、验收、入库、盘库、出库及相关职能部门的物料领用等可以在系统中自动地进行信息收集、审批报送及数据处理。同时在仓库区域使用信息化划分技术，进行物资的准确定位，并根据物资的使用时间轴线和自身属性，自动进行仓库区域最为合理的布局，以增加库区的使用效率及材料出库的时间。与此同时，智能化的系统终端将自动分析相应的数据，并且自动生成相关报表，将材料中的物质信息状态进行自动化实时报送。根据系统功能的实现过程，其工作流程为：材料需求计划——采购计划——采购招标——采购合同——采购订单——材料进出库——监督管理。其具体技术内容如下：

1）建立工程总承包项目物资全过程监管平台，实现编码管理、终端扫描、报关审核、节点控制、现场信息监控等功能，同时支持单项目统计和多项目对比，为项目经理和决策者提供物资全过程监管支撑。

2）编码管理。以合同BOQ清单为基础，采用统一编码标准，包括设备KKS编码、部套编码、物资编码、箱件编码、工厂编号及图号编码，并自动生成可供物联网设备扫描的条形码，实现业务快速流转，减少人为差错。

3）终端扫描。在各个运输环节，通过手持智能终端设备，对条形码进行扫码，并上传至工程总承包项目物资全过程监管平台，通过物联网数据的自动采集，实现集装卸、运输、仓储等整个物流供应链信息共享。

4）报关审核。建立报关审核信息平台，完善企业物资海关编码库，适应新形势下海关无纸化报关要求，规避工程总承包项目物资货量大、发船批次多、清关延误等风险，保证各项出口物资的顺利通关。

5）节点控制。根据工程总承包计划设置物流运输时间控制节点，包括海外海运至发货港口、境内陆运至车站、报关通关、物资装船、海上运输、物资清关、陆地运输等，明确运输节点的起止时间，以便工程总承包项目物资全过程监管平台根据物联网扫码结果，动态分析偏差，进行预警。

6）现场信息监控。建立现场物资仓储平台，通过运输过程中物联网数据的更新，实时动态监管物资的发货、运输、集港、到货、验收等环节，以便现场合理安排项目进度计划，实现物资全过程闭环管理。

6.4.2 技术指标

针对上述基于物联网的工程总承包项目物资全过程监管技术的技术内容，将其技术指标总结如下：

1）建立统一的工程总承包项目物资全过程监管平台，运用大数据分析、工作流和移动应用等技术，实现多项目管理，相关人员可通过手机随时获取信息，同时支持云部署、云存储模式，支持多方协同，业务上下贯通，逻辑上分管理策划层、业务标准化层、数据共享层三层结构。

2）采用定制移动终端，实现远距离（>5m）条码扫描，监听手持设备扫描数据，通过HTTPS（Hypertext Transfer Protocol Secure，超文本传输安全协议，简称HTTPS）安全协议，使终端数据快速、直接、安全送达服务器，实现货物远距离快速清点和物流状态实时更新。

3）以条形码作为唯一身份编码形式，并将打印的条码贴至箱件，扫码时，系统自动进行校验，实现各运输环节箱件内物资的快速核对。

4）通过卫星定位技术和物联网条码技术，实现箱件位置的快速定位和箱件内物资的快速查找。

5）将规划好的推送逻辑、时机、目标置入系统，实时监听物联网数据获取状态并进行对比分析，满足触发条件，自动通过待办任务、邮件、微信、短信等形式推送给相关方，进行预警提醒，对未确认的提醒，可设定重复发送周期。

6）支持离线应用，可采用离线工具实现数据采集。在联网环境下，自动同步到服务器或者通过邮件发送给相关方进行导入。

7）具备与其他管理系统进行数据集成共享的功能。

6.4.3 适用范围

适用于所有工程总承包项目物资的物流和物管。

6.4.4 工程案例

日照综合客运站及配套工程、山西省人民医院新院区建设项目、重庆铁路口岸公共物流仓储工程总承包（EPC）项目等多项工程中应用BIM技术在物联网的工程总承包项目物资全过程监管中。下面以日照综合客运站及配套工程、山西省人民医院新院区建设项目为例简要介绍BIM技术在物联网的工程总承包项目物资全过程监管中的应用情况。

1.日照综合客运站及配套工程

1）项目概况

项目总建筑面积约44.12万 m^2，其中海曲路地下通道长2.4km、面积9.2万 m^2，公交综合体（地上部分）面积4.2万 m^2，轻轨预留面积2万 m^2，高架站房及地下通廊面积5.9万 m^2（地方投资面积4.85万 m^2），北广场地下空间面积18.98万 m^2，南广场地下空间面积3.64万 m^2，加油加气站面积0.2万 m^2，烟台路至海滨五路高架道路长1.6km。

2）应用情况

应用物联网、大数据、三维展示、虚拟云等新一代的信息技术，打造一体化协调、应急、信息服务体制，实现枢纽内一体化运行管控、高效指挥调度与控制、企业运营管理科学化。

2.山西省人民医院新院区建设项目

1）项目概况

项目位于太原市尖草坪区，摄乐街与和平北路交叉口西南侧的医疗卫生规划用地内，场内地势较为平坦，总建筑面积174800 m^2。整体分为三个区域，北侧为综合住院楼，总建筑面积40400 m^2，地下一层，地上九层；中部为门诊急诊医技楼，总建筑面积97680 m^2，地下二层，地上局部五层；南侧为专科住院楼，总建筑面积36720 m^2，地下一层，地上八层，结构形式均为框架结构。工程建设总造价为117202.4万元，施工内容涵盖建设工程结构、装修、设备安装以及系列附属设施用房。

2）应用情况

项目深度应用BIM+智慧工地平台，采用1个平台+N个模块的应用模式，通过手机APP+多设备进行数据采集+云端数据集成，以图表或模型实时显示现场各生产要素数据，管理人员可直观查阅全景监控、进度、质量、安全、物料、劳务、环境、工程资料及BIM技术应用等管理数据，实现数据互联互通，全过程、全专业深度应用，实现建造系统化、信息化、标准化管理。

项目还充分利用移动互联、物联网、云计算、大数据等新一代信息技术，实现公司级和项目级的数据互通，无纸化线上管控，集中调控各项目的物资材料管理，结合AI人工智能技术，辅助决策提升工程建设管理（图6.4.4-1）。

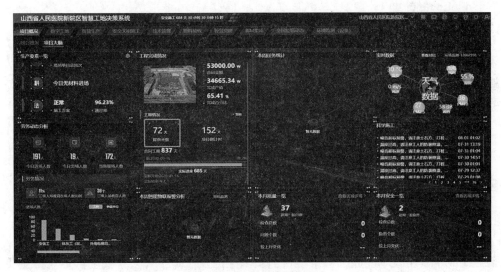

图6.4.4-1　智慧工地决策系统

6.5 基于物联网的劳务管理信息技术

基于物联网的劳务管理信息技术主要是指在应用物联网技术的基础上，结合各类智能终端设备对建设项目的施工现场以及现场劳务施工人员进行高效管理，规避以往管理不善的情况，形成综合性较强的信息化系统。从某种程度上来说，基于互联网的劳务管理信息技术可以完成施工项目的各类统计与分析，例如优化实名制管理、考勤管理、安全教育管理、视频监控管理、工资监管、后勤管理及基于业务的各类统计分析等的信息化管理，对于建筑工程的施工管理、辅助提升政府对劳务用工的监管效率、保障劳务工人利益与企业效益具有重要的意义。众所周知，建筑工程各个施工流程之间呈现出的关联性较强，一旦某个施工环节出现安全隐患问题，势必会对后续的施工流程造成严重的影响。为此，施工单位必须采用现代化的施工管理技术，强化与优化施工项目管理水平。

6.5.1 技术内容

1.实名制管理

主要是指施工现场的劳务工人需要在进场前完成实名登记工作，管理人员结合劳务管理系统的相关技术，对劳务工人的基础信息进行采集，并通过系统的授权处理，自动划分劳务工作性别、年龄，做好人员的合同登记工作。当劳务工人退场时，有可参考的数据。

2.考勤管理

考勤管理通过物联网智能终端设备自动采集工人进出作业区的考勤数据，考勤数据采集到云端以后，进行考勤计算，实时统计和显示工人出勤数据。

3.安全教育管理

安全教育是安全管理中非常重要的环节，进场作业工人是否参加了安全教育，是否完成了安全技术交底，对于项目的安全生产及保障工人人身安全都是非常重要的，由于项目人员流动性大，对于未进行安全教育人员管控难度较高。通过信息系统能够及时记录工人安全教育情况，可设置安全教育进出作业区的控制条件，保证参加安全教育人员才可具备通行权限，同时对于违规人员需要重新安全教育时，可进行权限控制，确保其参加完安全教育才可进入。可结合移动技术，利用移动设备完成安全教育管理，方便现场应用。

4.视频监控

人员通行进出作业区的时候，不采用生物识别技术的情况下，人员与IC卡等是否一致，很难管控，易出现人卡不一致的情况，利用视频监控技术，对进出人员进行实时抓拍，抓拍后通过现场显示屏显示人员登记信息，管理人员或安保人员可利用抓拍的照片与登记信息进行比对，加强管控。抓拍记录在控制台保存，后期可对进出场记录进行查询比对。管理人员也可利用视频监控技术，实时监控人员通行情况，可利用移动设备远程进行监控，方便管理。

5.工资监管

劳务工人工资发放情况需要实时掌握，确保总包企业能够了解分包单位是否按时、足额发放工资，保障工人的权益，可将分包单位工资发放情况进行记录，了解工资发放情况。具备条件的企业可与银行进行集成数据交换，通过银行进行工人工资发放，全面保障落实工资支付。

6.后勤管理

工人在施工现场住宿需要进行有效的管理，能够记录工人的住宿情况，统计临时建筑宿舍的入住情况，分析临时建筑设施的利用率，亦能实现现场一卡通消费，满足现场工人的消费需要，方便工人购物和生活需要。

7.统计分析

通过信息系统完成各类数据的采集和记录，积累原始数据以后，利用统计分析可提供现场生产及管理需要的各类数据。也可提供政府监管部门需要的标准格式表格数据；可基于某一维度进行分析，例如可统计现场工人的年龄分布情况，地域分布情况等数据，方便管理需要；可结合移动设备，利用移动设备进行查看。

6.5.2 技术指标

1）将劳务实名制信息化管理涉及的基础数据，以物联网设备的连接方式展现出来，作用于现场组网运行当中，并与互联网设备相连接，实现全程监控管理。

2）基于物联网的劳务信息管理系统必须具备安全认证、权限管理等方面的功能，管理人员可以通过查询这些功能，做好施工项目的现场管理工作，确保最终的施工质量。

3）基于物联网劳务管理信息技术的管理系统需要对现场人员的进出情况进行统一管理，针对不同的施工区域进行授权管理，且不同授权人员只能在对应的区域范围内进行施工活动。

4）门禁控制器需要完整地记录进出场人员的基础信息，例如合理统计进出场时间，并将信息数据及时传送给云端服务器当中。值得注意的是，门禁控制器必须支持断网运行。即相关数据可以在网络恢复后完成继续上传工作，确保数据的采集合理性。

5）通过利用各类终端移动设备实现对人员的信息查询工作，并合理地完成安全教育登记工作，统计好相关数据，实现远程视频监控的合理性与安全性。

6）具备与其他管理系统进行数据集成共享的功能。

6.5.3 适用范围

适用于加强施工现场劳务工人管理的项目。

6.5.4 工程案例

湖南常德碧桂园智慧工地项目、重庆来福士广场项目、重庆湖广会馆项目、重庆临空金融总部城项目、重庆融创文旅城融创茂项目、重庆西站综合交通枢纽项目等多项工程中应用BIM技术在物联网劳务管理信息中。下面以湖南常德碧桂园智慧工地项目、武昌滨江核心区地下空间环路（二期）工程EPC一标段项目为例简要介绍BIM技术在物联网的劳务管理信息中的应用情况。

1. 湖南常德碧桂园智慧工地项目

1）项目概况

总占地面积75.2亩（5万m^2），总建筑面积3.05万m^2。

2）应用情况

在工地施工区域内部署安全帽识别、反光衣识别（图6.5.4-1）。危险区域入侵识别、烟火识别算法，对现场进行实时分析、突发状况实时告警，并对告警信息进

图6.5.4-1　工地施工区域部署安全帽识别

行录像、截图存储。从源头管控风险，实现对施工现场的全方位实时监管。极大地提升作业区域的管控效率，形成强大的震慑作用，降低安全事故频率，有效提升安全管理工作的效率和质量，助力建筑工地数字化转型。

2.武昌滨江核心区地下空间环路（二期）工程EPC一标段项目

1）项目概况

地下环路位于临江大道与和平大道之间，南至武车一路，北至长江二桥，建设内容主要包括3km主线及3km匝道，地下环路全线共设19个地块车库接口，还有11条匝道连接地面市政道路。

2）应用情况

采用人员定位系统，在施工现场设置基站，通过安全帽上的定位标签，系统每两秒钟就可以自行实时采集工人的位置信息，并传导给项目总平台。管理人员通过手机或电脑端，可实时查看作业人员分布及信息情况，包含人员定位、轨迹回放、危险时段预警等，如同给工地安全管控装上了"千里眼"（图6.5.4-2）。

图6.5.4-2 智慧工地平台监管监控部署区域

第 7 章

基于BIM和大数据、云计算、移动互联网的数字化管理平台技术

7.1 基于大数据和云计算的电子商务采购平台技术

基于大数据和云计算的电子商务采购平台技术是以企业采购供应链全过程管理为主线，采购方与供应商依托网络采购平台，满足从采购交易、合同签订、订单处理、物流跟踪、对账结算、发票登记以及付款等在线协同应用，帮助企业采购实现信息透明和降本增效，并通过平台拓展上下游两端资源及业务，开辟供应链全链条业务新模式，实现企业生态化转型，为企业可持续发展培育新经济支点。

通过建立一个集采购信息发布、招标业务应用、采购合同管理、采购合同履约的综合应用平台，通过线上化的方式，发布采购信息，实现物资、设备、分包服务等网上采购寻源全过程的采供双方在线协同应用，以及采购合同的集中化管理、采购合同的全过程履约管理，解决采购过程管理难、招标过程效率低、采购结果难分析、供应商管理不规范、合同管理分散、采购和履约管理脱节等问题，优化采购流程、采购合同管理、采购合同履约业务，并通过透明化、标准化的管理，降低企业采购成本。未来，通过电子商务采购平台中真实的采购业务数据沉淀，形成数据资产，最终，通过对平台沉淀数据的挖掘，实现数据的分析与共享。

7.1.1 技术内容

1.招标采购管理

从采购计划开始，按照采购计划提报、采购任务分派、采购方案、采购信息发布、投标、开标、评标、定标、中标公示、中标通知、采购合同订立、采购过程文件归档的标准流程，完成采购招标业务的供采双方协同管理，实现采购工作流程的在线审批，并通过可视化的图形跟踪采购项目的进展和执行情况。同时依据平台建立动态的采购业务监管体系，能及时全面地对采购过程与结果进行指导、监督、检查，并采取针对性措施。

2.合同管理

通过招标采购任务自动建立合同信息，非招标采购可补录合同信息，并支持上传附件。合同信息建立完成后发起会签审批，审批通过的合同才可以最终签订及登记备案。采购单位可以建立独立的合同会签、审批流程，互不干扰，平台自动适配各个单位的会签审批流程。

3.采购履约管理

基于采购合同，按照下订单、发货、在途、验收、对账、结算的顺序，实现采购合同供采双方履约全过程的管理。

4.供应商管理

基于供应商评估流程和标准，对供应商进行动态化管理，实现规范、及时、全面地开展供应商的准入、分级、更新、评价、退出管理。

5.专家库管理

按照专家来源、专业领域、能力水平等维度对专家进行分类管理，建立专家管理体系，全面管理专家推荐、专家准入、专家信息维护等工作，有效提高专家管理水平。

6.价格管理

支持价格多维度管理，包括市场价、信息价、历史价等，指导日常采购业务应用。

7.报表分析

提供采购业务过程中的通用报表查询和使用。例如采购交易报表（招标台账、招标合同统计等）、采购异常数据分析报表、价格分析报表（投标价、中标价、成交价等）、供应商报表等。除展示报表外，可通过独立驾驶舱功能辅助领导层高效分析、决策。

7.1.2 技术指标

1）支持多种部署模式，含各类公有云、混合云、私有化部署。支持PC（Personal Computer，个人计算机，简称PC）端和移动端双重应用。

2）平台具备良好的灵活性和可扩展性，便于实现系统调整和升级，以及满足与外部平台的集成应用。

3）支持一个门户、两端应用。支持采购双方通过同一个平台实现在线协同，并通过两端应用的方式满足采购方、供应商人员登录分流。

4）满足多层级、多用户管理，满足多种采购模式/方式。支撑多层级应用（集团、公司、项目）和多用户的统一管理和权限控制，支持多类型和多种采购方式应用。

5）支持在线化开评标。实现电子化投标、报价、答疑、澄清、调价、结果推送等。支持远程在线背靠背评标应用，平台自动汇总评标结果。

6）支持风险自动预警。通过业务规则设置和数据深度分析，对于超出设定范围的异常项目，会及时进行预警提示，有效降低采购风险。

7）支持审批流程定义，可根据表单内容触发条件判断自动加载审批流程。同时，支持业务环节中审批功能的开启/关闭，便于进行灵活的审批管理。

8）通过平台进行的采购过程应符合《中华人民共和国招标投标法》管理规定。

7.1.3 适用范围

适用于企业多品类采购，实现从采购计划、采购招标、采购合同签订、采购合同履约全过程的在线化管理。

7.1.4 工程案例

BIM众包网平台、广联达数字采购平台、中国科学院重庆学院项目—期工程等多项工程中应用基于大数据和云计算的电子商务采购平台技术。下面简要介绍基于大数据和云计算的电子商务采购平台技术的应用情况。

1.BIM众包网平台

1）项目概况

BIM众包网定位于工程行业的专业BIM业务、造价业务在线技术服务交易平台，构建集BIM技术应用、工程量计算、清单编制、组价、BIM族库共享、BIM教学视频、BIM服务为一体综合众包技术服务平台。实现BIM设计建模，BIM翻模，BIM施工，BIM运维等建筑全生命周期业务的开展，和造价投资估算编制、设计概算编制、施工图预算编制、工程结算编制、招标控制价编制等业务的开展，雇主通过平台发布项目需求，服务商快速报名承接，实现在线众包，高效完成项目建设业务。

2）应用情况

（1）BIM众包交易。BIM众包业务涵盖：场地分析、方案比选、建筑性能模拟、图纸检查、净空优化分析、虚拟仿真漫游、辅助施工图设计、施工深化设计、管线综合排布、场地规划、施工方案模拟、构件预制加工、竣工模型构建、基于BIM的运营管理方案及实施等。

（2）服务商推广。平台依托在工程行业长年的发展和运营，汇聚了国内大量科研院校、勘察设计单位、项目业主单位、施工企业、咨询机构等，在提供大量优质项目的同时，为行业从业的BIM或造价个人用户、团队、工作室、企业搭建一个展示自我价值，提升商业合作曝光度的舞台，通过服务商介绍、服务商优质项目案例、服务商资质、服务商技能等多种途径全方位进行服务商推广，让服务商走出"单一小圈子"，走进互联网浪潮下的共享大商业圈。

（3）BIM族库共享。平台为加速BIM技术应用的落地，加快BIM项目的高质量、高效率建设，同时为BIM从业人员提供和企业分享自己的优质族库资源，通过构建互动式族库分享平台，由BIM从业人员上传、共享优质BIM族库，以免费共享和有偿购买两种方式，让族库资源以共享形态产生自我价值。项目建设单位通过免费下载或购买方式，快速获取项目所需族库资源，减少重复族库设计周期，以云协同快速实现项目的建设落地。

（4）BIM培训。在推进BIM技术应用的过程中，平台与国内多家优质培训机构构建联合培训合作，平台为BIM从业人员提供培训宣传、介绍、在线报名等途径，组织从业人员线下学习、实际操作和模拟应用，以多种方式为BIM从业人员提供由入门到精通、循序渐进的技能学习。

2. 广联达数字采购平台

1）项目概况

广联达数字采购解决方案，以企业采购供应链全过程管理为主线，采购方与供应商依托网络采购平台，满足从采购交易、合同签订、订单处理、物流跟踪、对账结算、发票登记以及付款等在线协同应用，帮助企业采购实现信息透明、降本增效，并支撑企业采购数字化转型成功。

2）应用情况

（1）采购供应链管理。结合每家企业发展战略、管理模式和业务特点，为客户量身定制一套适用、易用的采购管理系统，包括采购招标投标系统（寻源到合同）和采购履约系统（订单到支付），实现采购供应链精细化管理。

（2）企业电商。面向企业内部非生产性物资，结合越来越多的电商化采购需求，帮助企业建立统一、高效的电子商务平台，利用互联网手段整合上下游资源，融合内外部合作伙伴，提供一站式采购应用服务，实现企业采购的创新实践，力争将采购部门打造成为新的价值创造中心。

（3）采购招标投标平台。采购招标投标平台重点聚焦采购寻源环节，实现自采购计划、采购过程至采购合同的全过程在线应用，通过"溯流程、控风险、数据应用"等方式帮助企业达到"阳光、提效、降本"的管理目的。

（4）采购履约平台。采购履约平台重点聚焦采购执行环节，实现订单下达、在途监控、货物验收、对账结算和发票登记等功能，并可与采购招标投标管理系统打通应用。通过"实时跟踪、动态评价、数据追溯"等方式帮助企业及时跟踪订单和物流状况，保障及时供应，促进供应链的精细化管理。

（5）企业电商平台。企业电商平台应用互联网、大数据、人工智能等新一代信息技术，构建新型数字化采购平台，并集成广联达寻源系统，企业内部ERP（Enterprise Resource Planning，企业资源计划，简称ERP）系统、财务系统、外部电商平台、支付系统、客服系统、电子签章系统和物流系统，为企业打造涵盖招标投标、询比价、合同签订、订单执行、售后管理、发票管理、收付款管理和数据分析的私有化部署的企业电商平台。

7.2 企业"业财一体化"管理平台技术

施工企业项目管理"业财一体化"平台技术是基于T6技术平台，结合云、大数据、物联网，运用现代项目管理思想，借用先进实用的信息技术和完备的实施交付能力，面向施工项目建造全过程，从项目业务管理到财务管理集成实现一体化，解决施工企业一线财务人员在财务系统中登记完收款、付款信息后，为保证合同、结算、支付数据是完整性，还要在项目管理系统中重复录入一遍，工作量很大等问题，解决领导在审批每一笔付款申请时，不清楚此笔费用是否合规，例如是否按合同付款比例支付的，不清楚有没有超资金计划，是否收发票，都需要人员手工整理这些数据，工作量很大等问题。

通过业务与财务系统通用接口集成及自动化，实现业务系统的数据自动传递到财务系统，项目管理系统、财务系统，全面实现数据打通，实现数据一源多用，真正实现"业财一体化"。保证业务数据与财务数据的一致性，保障数据真实、准确（图7.2-1）。

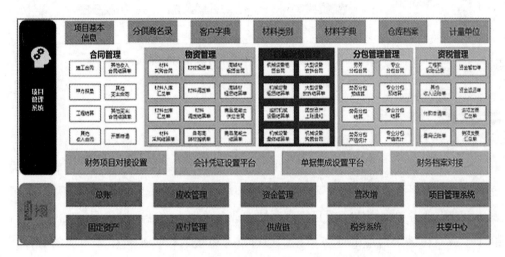

图7.2-1 "业财一体化"整体解决方案平台技术

7.2.1 技术内容

对工程直接成本，例如说材料成本，机械设备成本，劳务分包、专业分包成本，在企业项目管理中，一方面，这些业务单据会自动归集到实际成本中，来实现成本的四算对比，核算成本盈亏，另一方面，这些业务单据还可以自动推送到财务系统中，生成相应的财务会计凭证，而对管理费，间接费，财务费用等，也有两种方式来做业务推送，一种是在财务系统中，把这些费用报销的凭证结果，传回到项目管理系统中，实现一个业务的闭环，使项目的成本是完整的，而有的客户，把我们的费用记账单就当作一个费用报销模块，那费用记账单审批完成后，也可以自动推送到财务系统中，生成费用凭证，完成业务的直连，做到全面"业财一体化"（图7.2.1-1）。

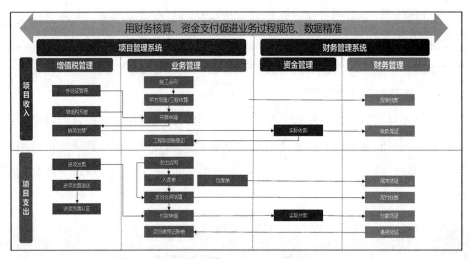

图7.2.1-1 "业财一体化"整体解决方案平台技术内容

7.2.2 技术指标

由于平台技术与财务系统的颗粒度不同，集成主要有两种方式：生成会计凭证、生成财务系统业务单据，采用哪种方式取决于财务系统购买了哪些模块。如果财务系统有业务单据模块，项目管理系统的业务单据生效后通过单据集成配置平台同步生成对方系统对应的业务单据，通过财务系统的会计平台生成对应的会计凭证。如果财务有业务单据模块，那么项目管理系统的业务单据生效后通过会计凭证设置平台自动同步到对方系统生成会计凭证（图7.2.2-1）。

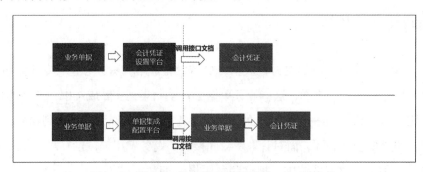

图7.2.2-1 "业财一体化"平台技术指标——对接方式

1.集成参数——必须选择参数（图7.2.2-2～图7.2.2-4）
业务单据开启变化点后，必须选择三个参数：对接财务系统、财务项目对接方

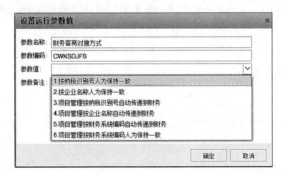

图 7.2.2-2 "业财一体化"平台技术指标——对接财务系统

图 7.2.2-3 "业财一体化"平台技术指标——财务项目对接方式

图 7.2.2-4 "业财一体化"平台技术指标——财务客商对接方式

式、财务客商对接方式;

1)对接财务系统:判断调用对方哪个系统的接口;

2)财务项目对接方式:根据此参数财务项目对接设置控制是否显示财务公司和财务项目字段;

3)财务客商对接方式:影响分供商名录、客户字典是否同步,及业务单据同步时分供商、客户字典同步规则。

2.根据企业实际业务判断是否启用（图7.2.2-5、图7.2.2-6）

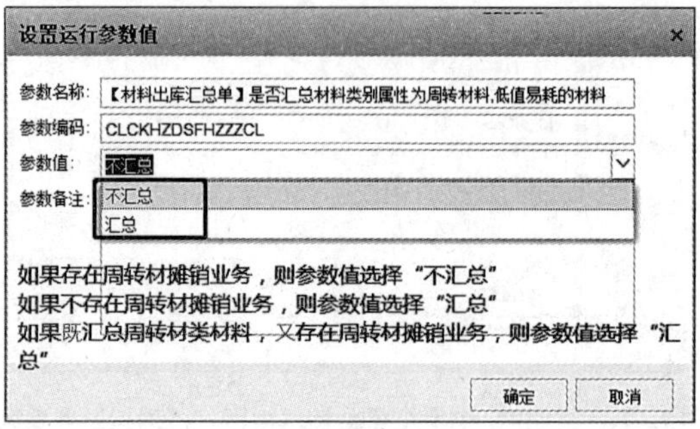

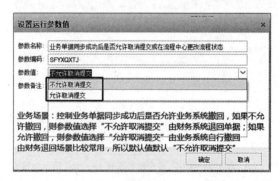

图7.2.2-5 "业财一体化"平台技术指标——材料出库汇总单

图7.2.2-6 "业财一体化"平台技术指标——单据同步后流程状态

7.2.3 适用范围

适用于使用"业财一体化"平台技术的企业的财务管理。

7.2.4 工程案例

重庆大江建设工程集团有限公司、重庆渝发建设有限公司、重庆端恒建筑工程有限公司等企业均应用BIM技术在企业"业财一体化"管理中。下面以重庆大江建设工程集团有限公司"业财一体化"管理平台为例简要介绍BIM技术在企业"业财一体化"管理中的应用情况。

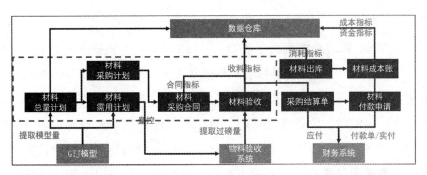

图 7.2.4-1 "业财一体化"平台技术应用案例——重庆大江建设工程集团有限公司

1）项目概况

重庆大江建设工程集团有限公司成立于1995年，是一家集房屋建筑施工总承包壹级及多项专业承包资质的综合性企业。公司承建的项目多次获得重庆市巴渝杯优质工程奖、重庆市优质（设计）工程奖、三峡杯优质结构工程奖、市级安全文明工地、建设工程BIM技术应用成果奖等。秉承"专精于业、恒者筑善"的发展理念，持续探索传统建筑行业向信息化、数字化创新型企业的变革，实现了公司信息化管理和项目智慧工地的全覆盖，稳步提升了公司及项目的运转效率和盈利能力。

2）应用情况

在2019年，启动"业务互联、数据互通"的业财一体建设，经过当年"业财一体化"的实践，工程人员不找财务人员要项目收支情况，财务人员不找业务人员要原始凭证，项目管理者和财务管理者均可通过授权查看项目收支综合分析（合同收入：应收、实收、欠收；合同支出：应付、实付、欠付）、项目资金计划执行情况查询、结算支付情况查询，所有业务和财务工作按既定技术流程有序高效开展。减少了一线财务人员的手工做账，提高财务工作效率70%，保证了业务数据与财务数据的一致性，提高企业财务抗风险能力，让财务会计向管理会计转型。

7.3 基于移动互联网的项目动态管理信息化平台技术

基于移动互联网的项目动态管理信息化平台技术是基于T6技术平台，结合云、大数据、物联网、移动互联网，运用现代项目管理思想，借用先进实用的信息技术和完备的实施交付能力，面向施工项目建造全过程，分别满足项目管理层和公司层管理项目的需求，随着整体解决方案的交付应用，必将全面提升企业的项目成本管理能力，并最终为企业打造盈利项目提供坚实保障。构成整体解决方案的核心软件产品不仅管理项目收入，还在如何控制各条业务线上的成本支出方面给出方案，应用中既有执行层面的一线业务托管，又有公司层面的细节监控管理；既提供岗位应用价值，又实现整体应用效益；既把核心业务管理到位，又把项目整体进行系统托管；既管理项目成本线，又管理资金收支线。整体解决方案面向施工建造全过程，将在规范业务流程管理、员工技能提升、服务最终客户等方面为企业提供全方位的支持（图7.3-1）。

图7.3-1 项目管理信息化平台技术架构

7.3.1 技术内容

1.技术层

采用广联达自主研发的先进灵活的技术平台（图7.3.1-1），支撑多业态、多专业、多模式的业务应用和数据应用。

2.业务层

主要包含施工阶段从投标到完工收尾、从经济到生产的全周期业务，各业务模块可拆可合，满足不同管控范围的场景需求，纵向打通管理层级，横向连接业务条线，形成标准、业务、数据一体化的企业级综合项目管理平台。

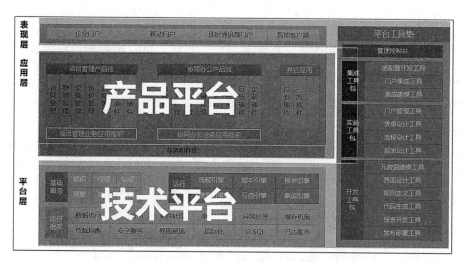

图7.3.1-1　项目管理平台技术架构

7.3.2　技术指标

1. 强大的核心技术指标（图7.3.2-1）

强大的核心技术，为施工工程项目的经济管理提供帮助，该方案技术主要针对三方面，一是，经济管理标准化，这是管理提升前提，也是传统管理最难解决的问题；二是，开源方面，主要围绕市场经营、清单、二次经营和结算等几个环节。三是，节流是重点，方案将充分利用数字化方式，最终帮助项目及企业实现降本增效。

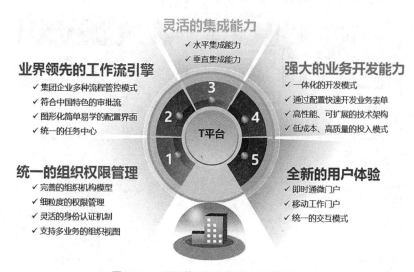

图7.3.2-1　项目管理平台基础技术指标内容

2.技术为企业各层级所用（图7.3.2-2）

1）项目层：系统可实现更清晰的项目管控目标，更明确的岗位职责划分，更通畅的部门沟通渠道，最终达到项目管理能力持续提升。

2）管理层：系统为多个项目间实现资源平衡，更顺畅的项目管理流程，数据化的业务绩效衡量，平台化的能力转移渠道。

3）决策层：系统支持过程监控与决策，结构化的企业知识积累，领导与员工间沟通更加顺畅，提供更清晰的战略实施过程。

图7.3.2-2　项目管理平台基础技术在企业各层级全面应用

3.移动互联网化工作（图7.3.2-3～图7.3.2-6）

随时随地，一手掌握。公司领导随时随地可通过移动端查阅公司重点项目经营数据及批阅单据。流程中心中待审批单据分类清晰，多维度查询定位功能可快速定

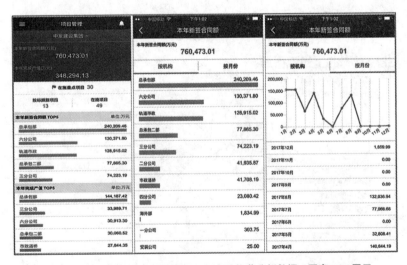

图7.3.2-3　项目管理平台移动应用——企业经营分析数据、图表APP展示

位到要审批的单据，同时简捷方便地查看单据的各项信息，包括附件查看。扫二维码查看单据功能可方便用户进行纸质单据的防伪检查，保证数据真实。

图7.3.2-4　项目管理平台移动应用——APP处理待办流程、预警消息

图7.3.2-5　项目管理平台移动应用——APP扫描单据二维码验证单据真伪

图7.3.2-6　项目管理平台移动应用——微信上查看数据分析和审批流程

7.3.3 适用范围

适用于所有采用移动互联网进行项目动态管理的建筑企业。

7.3.4 工程案例

在天津合纵电力设备有限公司合纵科技(天津)生产基地项目(一期)、湖南张家界家居生活广场一期工程等多项目工程中应用基于移动互联网的项目动态管理信息化平台技术。此外，还在重庆渝发建设有限公司、重庆中科建设(集团)有限公司、重庆金科企业管理集团有限公司(重庆卓科企业管理有限公司)、重庆建工第七建筑工程有限责任公司、重庆大江建设工程集团有限公司、重庆端恒建筑工程有限公司、重庆安正建筑工程有限公司、重庆明进建设集团有限公司、重庆先锋建筑工程有限公司、重庆浩龙建设集团有限公司、重庆建工第八建设有限责任公司、重庆祥瑞建筑安装工程有限公司、重庆创设建筑工程有限公司、重庆顺凯建筑工程有限公司、重庆教育建设(集团)有限公司、重庆道欣建设工程有限公司、重庆中环建设有限公司等多家单位中实现初步应用。以下以天津合纵电力设备有限公司合纵科技(天津)生产基地项目(一期)、湖南张家界家居生活广场一期工程为例简要介绍该项新技术的应用情况。

1.天津合纵电力设备有限公司合纵科技(天津)生产基地项目(一期)

1)项目概况

天津合纵电力设备有限公司投资27500万元在天津滨海高新区滨海科技园高泰道10号建设合纵科技(天津)生产基地项目(一期)，项目占地面积41949m²，建筑面积48348m²，主要建设两座生产车间(1号车间、3号车间)、职工餐厅、3个门卫室，项目年产箱式变电站、高低压柜系列、柱上断路器、柱上负荷开关53500台/套。项目环保投资224万元，主要用于隔油池、化粪池及排污口规范化、餐饮油烟治理设施、厂区绿化等。

2)应用情况

(1)项目基于施工BIM模型，可动态分配各种施工资源和设备，并输出相应的材料、设备需求信息，并与材料、设备实际消耗信息进行比对，实现施工过程中材料、设备的有效控制。

（2）对工程质量、安全关键控制点进行模拟仿真以及方案优化。利用移动设备对现场工程质量、安全进行检查与验收，实现质量、安全管理的动态跟踪与记录（图7.3.4-1）。

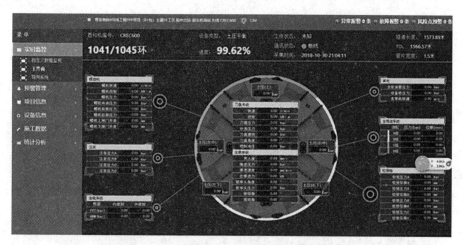

图7.3.4-1　信息平台展示

（3）施工BIM模型，将竣工验收信息添加到模型，并按照竣工要求进行修正，进而形成竣工BIM模型，作为竣工资料的重要参考依据。

2.湖南张家界家居生活广场一期工程

1）项目概况

项目总投资包括建设投资、建设期利息和流动资金。根据谨慎财务估算，项目总投资6754.41万元，其中建设投资5120.16万元，占项目总投资的75.80%，建设期利息143.11万元，占项目总投资的2.12%，流动资金1491.14万元，占项目总投资的22.08%。

2）应用情况

（1）加强各个环节的沟通与协调，并且做好月计划或者季度计划，来保障施工的顺利竣工。那么在移动互联网的项目动态管理的要求中，施工现场的移动设备实时监控系统可以对施工的进度进行一个大概的了解，移动终端设备将数据和影像进行采集和汇总，以便于施工管理人员对现场工作进行催促和指导。

（2）项目应用数据管理利用移动互联网技术实现施工现场设备的科学高效现场调度与管理，并且结合卫星定位技术实现现场移动监控工作与指导，移动互联网终端的最大优势在于数据的共享与传输，所以加强移动互联网项目动态管理信息技术的数据管理对施工企业整体的发展起着十分重要的作用。

（3）结合施工现场的实际情况，对施工人员合理安排施工任务，通过移动互联网设备进行监控作业指导，从而使施工作业可以实现在线分配以及施工控制调度计划管理（图7.3.4-2）。

图7.3.4-2　互联网监控指导展示

7.4 基于BIM和互联网的项目多方数字协同平台技术

基于BIM和互联网的项目多方数字协同平台技术是指利用工程管理多方数字协同平台集成BIM技术和智慧工地物联网应用，为工程建设各方在项目建设管理过程中提供多方位、多角度、多层级的精细化项目管理应用，实现项目建设过程中建设方、监理方、施工总包方等多方的在线协作和多项目实时监控的应用（施工过程中进度、质量、安全、人员、数字工地、文件、流程、图纸模型、数据等管理的应用），优化项目在施工过程中各生产要素，提高项目进度、质量安全和成本的管控能力，从而达到项目浪费的最小化，提升工程质量，实现价值最大化，同时变革传统项目的监管模式和协同机制，提升项目管理水平。

1.多级管控

形成IOT(Internet of Things,物联网,简称IOT)智能硬件数据采集层、项目岗位作业层、业务流程管控层、领导数据中心层的多级管控。数据采集层利用IOT智能感知特性,接入项目智能硬件监测数据,确保项目安全隐患实时监测及预警;项目岗位作业层提供建设方、监理方、咨询方管理工具,满足各方项目巡检管理应用;业务流程管控层对项目进度、质量、安全、人员等数据进行汇总分析;领导数据中心综合展示项目整体建设情况,实现领导层远程监管项目,实时掌握项目动态管理应用,并可一键查询或导出所需业务报表。

2.BIM模型轻量化浏览

基于高性能的轻量化模型引擎和数据引擎,提供多种格式的模型轻量化转换支持。模型文件经转换后,能够通过浏览器随时随地对全专业、全楼层集成模型进行在线浏览,包括小地图定位、旋转、缩放、剖切、漫游、隔离显示、查看属性等多项功能。

3.首页看板

平台集成各项目、各总包方数据,通过汇总分析,直观呈现工程管理数据,各项目进度、质量、安全、人员情况,实现各方对项目的远程监管。基于BIM模型或项目3D效果图对项目视频监控、智能硬件进行点位标识,直观清晰地了解项目现场实际情况,根据需要直接调取现场对应位置的视频监控或查看相关智能硬件监测情况,实现项目在线可视化监管。

4.进度管理

工程进度计划从编制到反馈全流程在线,节点责任到人,平台通过智能设备结合人员跟踪真实获取项目进度情况,自动对比实际进度与计划进度,判断项目进度风险并智能预警,确保关键节点达成,让进度跟踪不再靠项目上报,避免谎报瞒报,让进度风险损失减少到最低。

5.质量管理

聚焦质量检查和整改、隐蔽验收、实测实量、监理旁站、质量报告等管理应用。基于BIM模型点位标注设置显示各检查问题的点位位置。基于Web端大屏展示分析质量问题整改闭合情况，基于Web端工作台积累质量检查、验收台账等质量资料。通过多方数据整合，直观呈现项目甲方检查、监理及施工方履职情况。

6.安全管理

聚焦于项目现场危险源监控、隐患排查治理。通过物联网硬件监测和AI技术辅助现场进行风险防控和智能预警。同时，通过安全责任区域划分落实主体责任，通过定点巡视的方式加强安全重点巡查，督促现场管理人员完成隐患排查治理闭环管理。

7.人员管理

接入项目现场劳务实名制数据，动态掌握现场人员出勤统计，了解现场人员是否满足项目进度要求配置，同时可通过设定出勤预警阈值，出勤人数低于阈值时自动提醒甲方管理人员，避免劳动力影响项目进度。

8.新闻中心

包含展示、发布、公示、公告、通知发送、教育培训通知等内容，满足新闻动态展示要求。

9.文件管理

所有项目资料都需要传输与存储，为各业务部门和施工总包方、设计单位、监理单位、各专业分包单位等项目相关各方提供统一的文档管理，包含文档管控、文档上传下载、文档分享、文档在线浏览等。

7.4.2 技术指标

1）基于SaaS（Software as a Service，软件运营服务，简称SaaS）模式部署，无须单独准备部署服务器，采用B/S架构研发，包含Web端、APP端应用内容。

2）物联网平台应具备标准接口，满足智能硬件设备的接入，并实现智能硬件芯片的数据采集功能，确保数据准确实时传递到物联网平台数据中心。满足项目自动化监测需求，实现项目的智慧化监管。

3）大数据处理中心应能处理各种智能硬件芯片的传感数据，综合集成处理，按照预定规则输出所需数据。

4）智能算法中心应能读取分析集成的智能硬件数据，利用AI智能分析，输出项目监测结果，发现预警及时通知报警，实时监测项目安全隐患，降低安全生产风险。

5）平台应具备高扩展性，能够接入 Web 应用和云服务等不同类型业务系统。

7.4.3 适用范围

适用于建筑工程建设方的多方协同管理。

7.4.4 工程案例

深圳国际会展中心（一期）施工总承包工程、重庆铁路口岸公共物流仓储工程总承包（EPC）项目等多项工程中应用 BIM 技术在多方数字协同中。下面以深圳国际会展中心（一期）施工总承包工程、重庆铁路口岸公共物流仓储工程总承包（EPC）项目为例简要介绍 BIM 技术在多方数字协同中的应用情况。

1. 深圳国际会展中心（一期）施工总承包工程

1）项目概况

深圳国际会展中心总用地面积125万 m^2，总建筑面积158万 m^2，地下建筑面积（地下2层）62万 m^2，地上建筑面积（地上2~3层）96万 m^2，南北方向长度为1700m，东西方向宽度为540m，高度44.5m（最高），最大跨度约100m，整体建筑规划为三大功能分区：展馆、中廊、登录大厅。

2）应用情况

（1）项目搭建了智慧工地三级架构：第一级指挥部管理平台，实现了项目整体目标执行可视化、基于生产要素的现场指挥调度、基于 BIM 模型的项目协同管理。第二级项目部单项目管理平台，通过整合终端应用集成现有系统，实现对各项目部管理范围内的生产管理、质量管理、安全管理、经营管理等目标执行监控。第三级工区管理层终端工具应用：聚焦于工地、施工现场实际工作活动，紧密围绕人员、机械、物料、工法、环境等要求开展建设，提升了工作效率，实现了项目专业化、场景化、碎片化管理。广泛应用新技术，应用云计算、大数据、物联网移动互联网、BIM 技术，实现了项目数字化、在线化、智能化管理（图7.4.4-1）。

（2）协同平台，可以支持50余种建筑行业常见文件格式在线预览，无须安装专业软件，随时随地、提升效率。桌面端和手机端均可在线打开图纸模型，无须安装

图7.4.4-1　智慧工地平台展示

应用软件。借助于云端的模型轻量化处理技术和模型动态加载技术，BIM平台在20秒左右即可在浏览器中打开全专业模型，因此极大地降低了用户访问BIM模型的门槛（图7.4.4-2）。

（3）基于BIM技术的特大型多方协作智慧建造管理系统的成功应用，使得深圳国际会展中心（一期）施工总承包工程项目实现决胜千里之外的"智能管理"。通过"智慧工地"全面感知施工现场，实现了工地从数字化、在线化到智能化的技术升级，从而使工地技术智能、工作互联、信息共享，实现作业升级；使工地可视、可管、可控、可测，实现管理升级。

图7.4.4-2　协同平台系统展示

2.重庆铁路口岸公共物流仓储工程总承包（EPC）项目

1）项目概况

位于重庆市沙坪坝区西永工业园区，项目所在地毗邻渝遂高速与快速路一纵线两条高速干线，快速辐射周边城区。项目总用地面积约360亩，地势较为平坦，场地内无较大高差，用地范围内无保留建筑与植物。

2）应用情况

（1）项目依靠视频监控、塔基监控、环境监测等智能化数据采集设备，实现了该类数据实时的智能分析。能对环境噪声、PM2.5、塔式起重机运行状态实时监控并实现危险信号的智能预警。有效地提高了现场安全管理效率，降低风险事故发生率。同时，该类数据信息与市住房和城乡建设委安全管理平台实现了信息对接，提高了住房和城乡建设委对项目的监管力度（图7.4.4-3）。

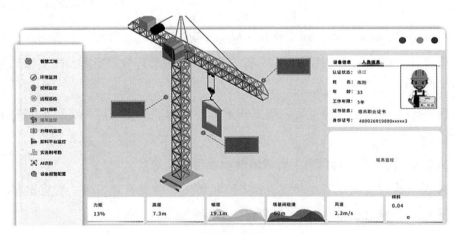

图7.4.4-3 实时监控展示

（2）进度管理模块的打造，分别利用无人机三维全景技术、BIM信息模型与二维码技术从不同角度对项目进度情况进行了数据展示与分析，以便为项目管理者提供科学的信息参考。

（3）通过本BIM协同管理平台，利用网络技术、数据库技术等信息化手段，将现有的工地采集到的数据，实时传到平台中，并能在控制中心大屏系统中进行展示，实现集成式三维可视化智慧工地管理。采用协同管理平台，项目部人员可通过平台提交质量安全问题，减少项目人员沟通的时间，可直接在平台中查看项目的施工情况。

7.5 建设工程信息化管理平台技术

建设工程信息化管理平台技术是指融合了软件、硬件、监控、GIS（地理信息系统，简称GIS）、设备管理、环境监测、项目管理、人员管理等多种技术的综合性管理平台技术。其主要由基础层、通信层、数据层、应用层、服务层组成。平台可分为一级架构和两级架构两种架构模式。

7.5.1 技术内容

平台实现了视频监控、环境监测、基坑检测、项目信息管理、设备管理、人员及安全管理、综合执法管理和GIS技术应用等，实现管理效率提高，降低人工管理成本，保障建设工程安全生产。

1）视频监控管理。通过远程预览和远程控制功能，实现对人员和车辆进出实时监控。

2）GIS。能够在地理信息上直观地展示项目相关信息。

3）设备管理。满足塔式起重机和升降机等设备信息管理，塔式起重机实时监控、预警，升降机运行统计和违规开启设备预警及统计等。

4）环境监测。对环境信息实时查看、统计、监测。

5）基坑监测。监测基坑整体表面改变及其改变速率。

6）项目和人员及安全管理。对项目信息、进度，资料进行管理，实现人员到场管理等。

7.5.2 技术指标

1.平台性能要求

最大用户人数不低于100人，同时考虑到用户以政府单位和企业管理人员为主，在系统建设时要充分考虑系统用户群增加的可能。系统开发访问量应大于500

次/秒；页面响应时间小于5秒；查询检索时间小于3秒；通常文件上载时间小于10秒，特大文件小于5分钟；数据分析通常情况下要小于1分钟，复杂情况下不大于5分钟；系统故障时间不得超过30分钟；代码管理、权限管理不超过30秒；系统日志小于10分钟。

2. 视频监控技术指标

视频显示页面应提供多窗口展示视频信息，可全屏化展示，可实现设备方向360°无死角调整监控；需提供回放、倒放、截图和视频下载功能。

3. GIS管理技术指标

二级平台GIS页面需要展示项目基础信息；支持基础、卫星和三维三种地图缩放功能；具有搜索功能；可显示环境指标；可直接切换到对应的视频监控。

4. 设备管理技术指标

平台设备信息监控应包含数据基础信息例如编号、品牌、型号、运行参数标准、厂家和作业要求等信息；平台应当包含设备的实时状态监控以及设备报警提示等功能。

5. 环境监测技术指标

二级平台环境检查至少要包括粉尘PM2.5、粉尘PM10、噪声、温度、湿度、有毒气体和可燃气体；监测数据应当实时显示并且显示监测曲线；平台可以设定阈值并能够弹窗报警，具体阈值要求（表7.5.2-1）。

平台阈值要求　　　　　　　　　　　　　　　表7.5.2-1

监测对象	阈值
粉尘PM2.5	$600ug/m^3$
粉尘PM10	$700ug/m^3$
噪声	90db
温度	40℃
湿度	90%RH
有毒气体	1000ppm
可燃气体	2500ppm

6. 基坑监测技术指标

平台基坑监测应能对基坑整体表面位置改变及其改变速率（包含平面位移和垂直沉降）进行检测，确定基坑体整体位移变形情况，模块需要满足如下要求：在基坑周围直线距离1000m范围内高层建筑和50m范围内中低层建筑物楼顶上布设监测点；以图标形式统计基坑实时信息；预警等级不少于三级；每月汇总报警次数。

7.人员和安全管理技术指标

应当包含项目人员信息统计功能；项目经理到场驻留时间，并进行不在场提醒；支持统计人员到场信息数据。

8.硬件环境技术指标

为满足平台各项功能，应最少包含存放设备、网络接入设备、网络安全设备、视频管理及转发设备、操作和现实设备；视频存储空间不小于4TB（Terabyte，太字节，简称TB），保留7天数据；设备和环境监测数据保留30天。

9.软件及接口技术指标

软件环境是基于Linux服务器；接口应采取业界标准SOA（Service Oriented Architecture，面向服务架构，简称SOA）规范，基于HTTP协议实现JSON（Java Script Object Notation，JS对象简谱，简称JSON）业务数据交换；接口应支持跨语言、操作系统调用。

7.5.3 适用范围

适用于建设工程信息化管理平台计划、设计、建设、维护、服务、数据应用和运行服务。

7.5.4 工程案例

天水市三阳川隧道及引线工程、杭州世茂智慧之门项目、山西省人民医院新院区建设项目等多项工程中应用BIM技术在建设工程信息化管理中。下面以天水市三阳川隧道及引线工程、杭州世茂智慧之门项目为例简要介绍BIM技术在建设工程信息化管理中的应用情况。

1.天水市三阳川隧道及引线工程

1）项目概况

天水市三阳川隧道及引线工程于2020年3月开建，总投资16.4亿元，由中铁三局按PPP（政府和社会资本合作，简称PPP）模式实施。项目起点位于麦积区邓家庄，终点在巧河新村附近设置互通与既有麦甘公路相接。线路总长度5.012km，其中隧道左幅长度3973m，隧道右幅长度4010m，按双向六车道一级公路技术标准建设。

2）应用情况

（1）优化项目基层管理模式。紧密围绕土木建筑行业基层项目的日常管理特点，率先在建筑行业内推行项目层级基础业务的全方位信息化管理，主要从流程规范性审批管理和项目管理数据快速、全面储存两个角度出发，开发形成了包括人员、施工、安质、物机、财务、办公自动化6个基础业务、31个模块的工程项目基础业务管理系统，实现了生产过程与信息化技术高效融合，有效遏制了传统成本管控不力造成的项目经济效益流失。该管理体系获得全国公路微创新大赛银奖，登记软件著作权2项。

（2）强化隧道施工综合管控。结合隧道施工难点及特有工序，研发应用了"隧道云端移动信息化综合管控系统"，实现隧道管理工作流程自动化。借助后方管理终端，利用手机、IPad等终端设备进行分析处理，定期纠偏，实现隧道施工全过程数据管理与追溯，有效指导现场施工。以该系统为核心的隧道综合管控技术获评2021年度中国中铁节能低碳技术，包含本系统的科技成果荣获中国中铁科学技术奖二等奖。

（3）提升隧道生产智能控制。研发应用了"生产调度智能控制系统"，全程掌握项目生产进度，同时将"UEB精准人员定位系统""隧道人脸识别门禁系统、视频监控系统""隧道围岩信息化监测系统"等信息化管理系统应用于隧道施工管理，有效提高工作效率、降低施工成本，确保施工精确性及安全性，提高了管理人员对施工现场人员、设备的分布状况及运动轨迹的管理水平，有效保证了设备使用率，减少资源浪费。

2.杭州世茂智慧之门项目

1）项目概况

项目位于杭州市滨江新区，紧邻奥体博览板块，毗邻机场高速，项目一期总建筑面积29.7万m²，包含两栋超高层双子塔，建成后是集办公、商务、商业、教育、生活休闲于一体的多业态、多功能标志性城市商务综合体，定位杭州市城市入口门户建筑。

2）应用情况

（1）项目采用品茗智慧工地解决方案，通过品茗智慧工地云平台集成工地人员实名制、VR安全教育体验馆、慧眼AI、塔式起重机黑匣子、吊钩可视化、升降机监控、环境监测、水电监测、监控中心、配电箱检测等子系统，以系统化应用实现数据互联互通，推动工地智慧管理。

（2）根据项目整体部署，项目施工需投入5台塔式起重机，8台施工升降机，其中4台大型动臂塔式起重机，共涉及约50余次塔式起重机爬升，设备多且集中。项目上目前部署3台平臂塔式起重机，通过品茗塔机安全监控管理系统，自动监测塔机运行情况，确保群塔作业无碰撞事故发生，并根据塔机的吊次、起重量等数据分析塔机的使用效率，减少资源浪费。同时，项目采用品茗吊钩可视化，保证驾驶员看得见、看得清的同时，充分利用吊钩视频"一球两用"功能，在塔式起重机闲暇时，监控探头承担监管工地的责任。塔式起重机黑匣子与吊钩可视化部署至今，塔机事故"0"发生，保证了塔机的工作效率，平均每日提高15吊次。

（3）项目采用品茗环境监控系统后，智能联动扬尘设备，当数据超过阈值，自动打开喷淋，保证项目绿色施工的同时，平均节约了每日1~2人次的事务性工作，平均节约消耗在降尘降噪的用水量约30%。

第8章

三维数字化
复原技术

8.1 无人机倾斜摄影技术

无人机倾斜摄影技术是指通过对传统摄影的拓展、延伸，结合无人机飞行技术，改变传统影像只从垂直方向获取影像的局限，发挥微型无人机飞行平台灵活、快速的特点，组成微型无人机倾斜摄影系统，实现了高效率、低成本获取地面物体更为完整准确的信息。再通过专业计算机软件对获取的影像通过区域网络平差、匹配、DSM生成、三维建模等流程，可以从各个方向对建筑物进行长、宽、高三维立体的测量和展示，识别地物的位置及大小属性，还能获取建筑物纹理细节，从而达到自动、快速、准确、真实的空间数据重建效果，形成最终测绘产品（图8.1-1）。

图8.1-1 无人机最终测绘产品

8.1.1 技术内容

1.规划设计
倾斜摄影在建筑规划设计中的应用主要在空间分析及规划审批方面，为城市建设提供了更加快速、科学、真实的数据。倾斜摄影技术可将设计方案加载至三维模型中，通过对比各个方案的优缺点及特色，辅助决策不同设计方案与目前城市规划的匹配度，达到优选方案的目的。同时根据整体城市规划目标，调整建筑群指标完成规划审批。对于建筑规划设计，基于倾斜摄影模型的高真实性，大大提高了规划分析数据的准确度，主要在以下几个方面进行应用：

1）日照时间分析。三维辅助规划加载规划设计日照方案，评审整体方案的可行性及准确性，量化模拟对周边建筑日照时长的影响，对楼间距的基本规划指标进行定量分析和计算。

2）可视域分析。以某一个特定点作为视点具体位置，分析该点视域覆盖范围，用不同颜色区分可视域与盲区。

3）城市天际线分析。城市天际线对于城市布局十分重要，三维模型可以查看区域内建筑高度及超出限高的建筑群。

4）模型压平、方案对比分析。模型压平可将指定建筑模型压平，一方面，可以模拟拆迁后的状况，对比多套拆迁方案，合理指导城市拆迁施工；另一方面，放置不同设计成果模型，实现规划后效果浏览、对比。

2.施工管理

无人机在低空实拍现场图像，有利于技术人员对现场平面布置有直观的了解，便于施工管理。也可对人员进行监控，避免施工人员消极怠工的现象，同时可便于查看材料堆放位置，防止局部荷载过重。通过对三维数据模型的表面进行开挖，查看地下管线等设施的状态，实现地上地下一体化监测。三维模型能直观观察室外地沟附近的地形地貌，同时计算沟底与地面高程差，查看已挖的部分是否到位。通过高程差值对比，查看已挖的部位地形起伏变化，分析是否需要二次作业。放管时，通过透视分析，生成管道及地面高程剖面图，直观观察已安装管道倾斜度，对于不符合要求的管道进行调整。管沟回填时，任何点位都带有坐标及高程，可画出等高线生成DEM（Digital Elevation Model，数字高程模型，简称DEM），计算回填土方。

传统的土方量计算有方格网法、三角网法、断面法等。其中三角网法用于地形起伏变化较大的面状工程中，其计算精度与野外采点质量有直接关系。倾斜摄影测量的方法计算土方量普遍适用于各种地形和工程项目中，其基本计算原理与三角网法计算方法相同。但其计算精度可靠，计算结果受测量方法和计算方法影响小。因此，通过将倾斜摄影用于土石方平衡计算中，以达到土石方工程量的精确计算和项目投资成本的有效管控。

3.竣工运维

倾斜摄影在建筑竣工验收中主要应用于竣工地形图测绘方面，采用无人机低空倾斜摄影技术可以快速获取项目区域地表基础。首先，采用基础测量手段RTK（Real-time kinematic，实时动态载波相位差分技术，简称RTK）沿设计航线按规定间距布设像控点；其次，根据设计航线进行全区域飞行，获取基础影像图片；最后，内业使用数字摄影测量系统PixelGrid等软件实现影像匹配、相片控制测量、空中三角测量、DEM与正射影像图自动生成，即可快速生成大比例尺、高精度地形图，便于后期建筑工程竣工测绘。

倾斜摄影三维模型可提供建筑竣工后相关地物的相对位置、高度、层数、一层地坪标高及与周边建筑物关系，可以输出配套设施及绿地面积。输出的DLG（Digital Line Graphic，数字线划地图，简称DLG）线画图便于竣工测绘时核准建筑物之间的距离、与用地界线的距离相对于设计的差值，模型侧面纹理信息可核实建筑立面造型、外墙材料及颜色信息。

8.1.2 技术指标

1）倾斜摄影技术分析包括影像数据采集、数据处理及应用三个过程。

2）小型无人机通过搭载多台传感器从多个角度对地物进行拍摄，参照现行《1:5000、1:10000、1:25000、1:50000、1:100000地形图航空摄影规范》GB/T 15661—2008进行航线的规划设计，航飞航线一般敷设平行于航线边界及旁向边界外，航向及旁向的重叠率不小于75%，确保测区完全覆盖。航飞技术及时查看影像图片，删除不合格图片外，对于不满足建模要求的航飞影像图片要按原航线进行补飞。

3）影像应用是基于Smart3D Capture软件进行三维建模，具有高精度、高效率、一体化的特点。在建模软件上加载影像，同时给定一定比例数量的控制点，软件采用光束法区域网整体平差，同名点位匹配，将全部点位加入控制点坐标中，从而得到加密的特征点云，点云数据构成三角网，三角网之间构成TIN（Triangulated Irregular Network，不规则三角网也名曲面数据结构，简称TIN），再由TIN构成白模，软件根据影像中计算对应的纹理信息，并将纹理映射至白模上，最终形成三维模型。

4）三维模型直观展现地物基本信息，同时模型可导入DP-Modle、3D Max、Cass等软件处理，输出DOM（Document Object Model，文档对象模型，简称DOM）、DEM及正射影像，根据实际需求对模型进行处理应用。

8.1.3 适用范围

适用于建筑工程规划、设计、施工、运维、拆除等全过程。

8.1.4 工程案例

中开高速项目、重庆江津白沙大桥项目、三江互通项目、重庆广阳岛项目等多项工程中应用无人机倾斜摄影技术。下面以重庆江津白沙大桥项目、重庆广阳岛项目为例简要介绍其应用情况。

1.重庆江津白沙大桥项目

1）项目概况

重庆江津白沙长江大桥工程位于江津区白沙镇。项目南接白沙工业园，北连成渝铁路白沙货运站、合璧津高速白沙联络道。项目整体呈东西走向，西起规划滩盘大道，向东上跨成渝铁路后，通过白沙长江大桥跨越长江，止于创业支路交叉口。全线含白沙长江大桥1座，为跨长江特大桥。主桥采用悬索桥桥型，东西引桥采用预应力混凝土连续梁桥，桥梁全长1300m。桥梁横断面布置为双向6车道，桥宽31m。

2）应用情况

利用倾斜摄影技术，获取树木，原始地形的数据源，通过软件处理变为高精度实体模型，不仅大大地提高了地形创建效率，也降低了模型创建的生产成本，更提高了模型的精确度。以模型为基础与项目部进行重点方案讨论，并辅助项目部进行决策（图8.1.4-1）。

2.重庆广阳岛项目

1）项目概况

重庆广阳岛，位于长江流域黄金分割点，是长江上游最大的江心绿岛。广阳岛

（a）　　　　　　　　　　　　　　　　　（b）

图8.1.4-1　无人机倾斜摄影技术

项目是重庆市践行习近平生态文明思想建设的示范项目、长江经济带绿色发展示范项目、"两山"实践创新基地之一。

2）应用情况

（1）BIM+GIS：结合BIM+GIS（ATCGIS+Infraworks）制作广阳岛现状场地三维模型，同时进行高度分析和坡度分析，快速锁定广阳岛山地的走势走向，发现潜在风险点，为设计师提供方案制订依据，同时辅助"护山"策略的方案优化，模拟方案的可实施性，确保山地生态修复快速推进。

（2）土方平衡：通过无人机倾斜摄影技术配合三维激光扫描技术，生成原始地形点云模型，为设计提供精准的三维数据和等高线等分析数据。结合Civil3D软件生成项目基坑开挖模型，精确测算出各项目的土方挖填方数据。通过建立全岛多项目的填挖土方量池，综合考虑项目实施先后、运距远近、土方规格等指标进行模拟推演，确保全岛土方挖填、运输、使用最优化。

8.2　三维激光扫描快速建模技术

三维激光扫描技术是一种新兴的测绘手段，可以对目标物体进行多方位、多角度、零接触式的数据采集。在建筑测量中，三维激光扫描仪可以实现远程测量操作，在距离建筑物体较远的测量点，可以对建筑进行快速、准确地数据采集，同时还能降低对建筑本身的损害，也避免了工作人员由于近距离接触建筑物而面临的不安全因素等。

8.2.1 技术内容

1.地形测量

地形图绘制是三维激光扫描技术在测绘领域中的一个应用，基于扫描的精细点云可以直接生成三维地形模型，自动提取等高线，获取二三维数据资料。与传统的测绘手段相比，三维激光扫描具有效率高、细节丰富、成果形式多样等优势，在地形测量中发挥了重要的作用。

2.规划设计

在项目规划设计阶段，首要工作就是获取项目及周边的环境信息，充分的环境信息有利于推进规划设计工作的开展。利用三维激光扫描技术获得的高精度三维模型，能够更加直观、真实地展现目标区域的空间信息，对规划设计工作可以起到事半功倍的效果。

3.变形监测

由于三维激光扫描技术具有高精度的特点，在一定的条件控制下，精度可达到1mm以内，三维激光扫描技术可以用来对变形进行监测，主要应用在建筑物变形监测、桥梁变形监测、隧道变形监测以及地表形变监测等方面。

4.虚拟安装

大型工程建筑涉及很多异型钢结构、巨型桁架等，在安装的过程中难度大。通过三维激光扫描技术，将巨型、异型钢结构进行三维数据采集，再导入至计算机中，进行预拼装检测，预拼装合格后，再把钢构件运输到建筑现场进行真正的安装，三维激光扫描技术将钢铁厂中无法实现的预安装检测通过数字化技术得以实现，起到了预先检测的功能。

5.工程质量验收

工程质量验收工作所涉及的工程数据多且对精度与数据的准确性要求较高。通过三维激光扫描技术对现场进行数据采集与整理，与工程设计图进行误差值分析，可客观得出项目是否达到可验收的标准。

6.3D打印技术结合

三维激光扫描技术所得到的三维数据，结合3D打印技术，可得到一个高清

1:1还原度的3D建筑模型。例如售楼处等,通过模型对客户进行房屋建筑的讲解演示与展示说明,例如地标建筑等,通过对建筑信息的3D打印制作,加以更多设计感潮流元素,进行文创衍生品制作与宣传。

8.2.2 技术指标

1.数据采集

三维激光扫描技术在数据采集方面具有快速、准确的特点,具有便携、一体化的设备优势,可以满足建筑施工在各个阶段的三维数据采集要求,突破了人工测量的局限性,加快了建筑工程的交付、安装、生产等进程。

2.数据处理

三维激光扫描技术所采集到的是空间内的三维点云数据,既包括建筑本身的数据,又包括周边不相干的点云数据。这就需要工作人员对点云数据进行除尘、去噪等操作,再进行数据拼接,从而得到完整的建筑物点云数据。

3.数据应用

经过处理后的数据可以进行高清电子存档。与传统的数据存储方式相比,这种存储方式避免了丢失和损坏等问题,并且通过相应的管理平台,还可以实现数据共享、共同管理等目的。所得到的点云数据可以利用相关建模软件进行三维建模,对比另一时间段的数据,便可得到两期重构模型上的位置差异,便于及时检测建筑的变形、安全隐患等问题。此外,电子化的点云数据还可以通过相应的信息技术进行虚拟安装、改造设计、虚拟展示、BIM建模以及3D模型打印等操作。

8.2.3 适用范围

适用于建筑工程规划、设计、施工、运维、拆除等全过程。

8.2.4 工程案例

国家会展中心项目、崇礼冬奥会滑雪副场馆项目、重庆约克北郡三期项目、重庆龙湖礼嘉天街项目等多项工程中应用三维激光扫描技术。下面以重庆约克北郡三期项目、重庆龙湖礼嘉天街项目为例简要介绍其应用情况。

1.重庆约克北郡三期项目

1）项目概况

重庆约克北郡三期总承包工程位于重庆市两江新区照母山金州商圈中心。项目占地面积6.3万m²，总建筑面积43.9万m²，包括四层地下车库、六层商业裙楼和两栋31层5A甲级写字楼，总建筑高度145.5m，是集高端写字楼、国际轻奢、亲子家庭、环球佳肴、室内瀑布及大型植物园于一体的超大型城市综合体项目。

2）应用情况

工程全过程全方位采用三维扫描技术，在土建、机电、精装等各工序施工完成后需对已完成工作进行三维扫描，实现工作面精准移交，扫描主体单位须根据扫描数据，逆向修正BIM模型，确保数据与现场统一。将扫描点云数据与BIM模型进行对比分析，出具误差分析报告，逆向校核BIM模型，确保机电、精装、幕墙基于现场实际模型进行深化设计，保证各专业深化落地（图8.2.4-1、图8.2.4-2）。

图8.2.4-1　三维扫描技术

图8.2.4-2　扫描点云数据与BIM模型对比

2.重庆龙湖礼嘉天街项目

1）项目概况

重庆龙湖礼嘉天街项目位于重庆两江新区礼嘉龙塘立交旁，总建筑面积：26.67万m^2，地铁联通道建筑面积约0.20万m^2、北天街建筑面积约11.79万m^2、南天街建筑面积约13.9万m^2、南北连廊建筑面积约0.76万m^2。

2）应用情况

施工阶段应用BIM三维扫描技术，采用点云模型与施工BIM模型合模进行误差分析。原设计1号中庭与BIM扫描完成面偏差在30mm以内，施工基层可以调整处理，视为无偏差。红色线为原设计中庭完成面线，蓝色线为现场三维扫描完成面线（图8.2.4-3）。

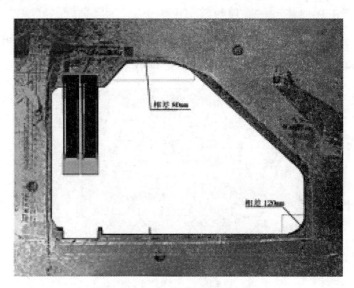

图8.2.4-3　二层1号中庭数据重合误差

第 9 章

智能生产
技术

9.1 基于BIM的建筑3D打印技术

基于BIM的建筑3D打印技术是指运用BIM技术将建筑信息化，再通过3D打印技术将信息化的BIM模型实物化。设计阶段，通过BIM技术构建建筑的三维模型，但是三维数据量较大，不便于直观观察及研究可能存在的问题。通过将BIM模型（推荐比例1:50～1:100）缩小打印的形式，转化为3D实物微缩模型（光敏树脂材料，可上色）。例如一栋建筑，可以把每一层的结构模型单独打印出来（图9.1-1），再从下至上一层一层组装，对于整体结构和每一层的间隔排布，起到分析总结改进三维设计的作用。

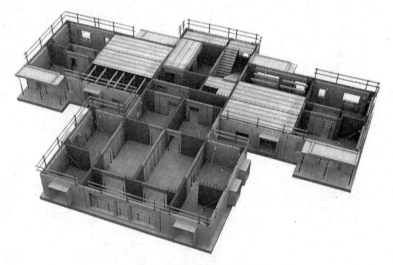

图9.1-1　3D实物微缩模型

在设计建筑整体外观时，可以将周围整体环境的BIM模型打印出来（图9.1-2），再将项目的几个设计方案逐一打印对比，以便找出最优设计方案。

3D打印房屋建筑一般分为两种方式，第一种是装配式3D打印建筑，指的是通过3D打印机制作独立的单元，并在工厂中对模块内部进行装修布置，随后运输到

图9.1-2　3D打印建筑整体外观模型

现场，通过吊装将模块连接为建筑整体；第二种被称为原位3D打印建筑，直接用3D打印机在现场进行施工，先在待建房屋的空地上安装大型建筑3D打印机，再根据房屋3D设计图纸，逐层挤出建筑材料进行叠加成型，并同步进行其他建筑材料的安装，最终打印完成整栋房屋（图9.1-3）。

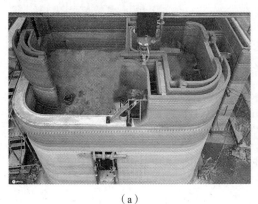

（a）

（b）

图9.1-3　原位3D打印过程展示图

9.1.1　技术内容

1.项目设计阶段

BIM在项目设计初期的作用不言而喻，如果能加上3D打印技术，将会使设计思想的交流更有效率。通常想用二维图表达三维的理念往往一般人不容易理解，三维的图像则更像一张照片，也有它的局限性。如果采用模型来诠释设计理念，则会清晰得多。但在建筑设计过程中，如果需要制作一个模型，则会消耗大量精力与时间。而3D打印完美解决了这个问题，使建筑在设计阶段的效率大大地提升。

2.项目施工阶段

项目施工阶段，基于BIM技术的3D打印建筑可以通过以下几种方式实现：

1）一维全尺寸建造。即建筑有多大有多高，打印机也要有多大多高。这是一种目前最常用的方法。建造方需要建造一个比所建建筑更加巨大的打印机，通过BIM模型提供的信息将材料一点一点地打印出来。材料厚度决定了房屋的建造时间与精细程度。这种"一维"打印方式的主要缺陷有两点：耗时长与耗费资金较大。

2）打印再组装方法。也是现阶段应用比较广泛的方法。厂家在工厂室内打印墙体等部件，再运到现场进行拼装。例如西安的首座3D打印搭建房，在3小时内搭建好了一座二层的别墅。现场只有一台起重机与一些搭建模块。只需三个小时，所有的模块像积木一样被搭建起来。其他例如模块的浇筑工作都已在工厂内完成。比起传统大半年的施工方法，效率极高。且每平方米的成本仅为2500～3500元。同时，钢制笼式结构能够充分填充保温材料，达到很好的保温效果。

3）液体打印技术。近年来，一家名为Carbon3D的公司最近突然横空出世，带来一种名为"CLIP"的新型3D打印技术。该技术像魔术一样可以从"水"里拉出任何你想要的东西。"CLIP"技术全称为"Layerless continuous liquid interface production technology"，直译为无分层液体连续交互生产技术，或液体连续交互生产技术（Continuous Liquid Interface Production）。3D打印机的材料硬化常使用紫外线灯，因为空气里的氧气会减缓硬化过程。这款液体打印机巧妙运用液体隔绝空气，加速硬化。当硬化的树脂从树脂池里拖出的时候，新的液体树脂会被注入树脂池。

4）群组机器人集合打印装配技术。其核心就是一大群小型机器人协同作业，他们可以像小蜜蜂一样在三维空间里工作（例如瑞士的ETH在做这方面的研究），对人工智能的要求也不高，因此是目前热门的研究方向。到时只需要控制机器人工程师、设计建筑图纸的设计师以及少量的劳动力，无论多大的建筑项目都可以完成。这无疑是建筑业的最终目标。

9.1.2 技术指标

1. 应用技术指标

1）模型精度。BIM模型的精细度应符合现行国家标准《建筑信息模型设计交付标准》GB/T 51301—2018的相关要求。其中，BIM模型精细度等级不宜低于LOD1.0；对于3D打印的功能性构件，其BIM模型精细度等级不宜低于LOD3.0。

2）专属设计。3D打印建筑需采用专属设计，在BIM阶段需对整个打印过程进行模拟施工，以便确保打印之后整体满足要求。包括施工前期准备配件，打印过程中在某些位置增加钢筋、门窗框等。对于装配式建筑的打印，需要在BIM阶段提前拆分好各个打印部分。

3）房屋结构。3D打印的建筑目前只适合于打印2~3层的低层建筑，高层建筑不适合采用3D打印形式制作，对于房屋结构可以异形化，但是前期需要对模型进行对应的力学计算。目前3D打印建筑均是采用无地基模式，直接在平地上打印。

4）建造速度。3D打印建筑效率应比传统施工方式高很多，且人工介入较少。

5）环保影响。3D打印的材料应采用传统建筑的建筑废料，无污染，不产生扬尘。

6）应用场景。3D打印的建筑应能够满足常规建筑方式不便施工的场景，对常规建筑方式进行补充。例如高原士兵哨所、地震灾区临时庇护所等。

2. 材料技术指标

1）用于结构3D打印的混凝土强度等级不宜低于C30，预应力3D打印预制构件的混凝土强度等级不应低于C40。

2）3D打印构件中填充的普通混凝土应满足设计要求，且强度等级不宜低于C25。

3）新拌3D打印混凝土流动度骨料最大粒径160~220mm，坍落度80~150mm。凝结时间≤90min。可挤出性：连续均匀、无堵塞、无明显拉裂。支撑性：挤出后形态保持稳定且不倒塌。

混凝土3D打印结构应按《混凝土结构设计规范》GB 50010—2010（2015年版）或《砌体结构设计规范》GB 50003—2011的有关规定进行设计；混凝土3D打印建筑用钢筋应符合《钢筋混凝土用钢第2部分：热扎带肋钢筋》GB/T 1499.2—2018

和《钢筋混凝土用余热处理钢筋》GB 13014—2013的有关规定。

3.设备技术指标

1）混凝土搅拌设备应符合《建筑施工机械与设备 混凝土搅拌机》GB/T 9142—2021的有关规定。

2）输料设备应对3D打印混凝土拌合物性能无影响，输送量应具有可调节功能。

3）具备在三维方向移动功能，能够按照设计的打印路径进行自动打印，满足打印要求。

4）设备定位精度宜为±1mm。

5）通过打印软件系统可控制打印头位置、打印速率、打印头出料流量。

4.软件系统技术指标

1）应具备打印路径编程功能，自动计算每层打印时间和总打印时间。

2）应具备实时监测打印硬件系统中电气部件是否正常运行的功能，电气设备出现异常时应能够自动停车打印并发出警报。

3）宜具备打印过程模拟功能。

4）宜具备打印偏差自动监测和提示功能。

5）宜具备断点记忆，复位续打，缺陷报警等功能。

9.1.3 适用范围

适用于建筑结构构件或部品打印、一体化打印建筑等的3D打印。

9.1.4 工程案例

重庆来福士广场项目、上海建工3D打印科技试验楼项目、重庆沙坪坝站铁路综合交通枢纽项目等多项工程中应用3D打印技术。下面以重庆来福士广场项目、重庆沙坪坝站铁路综合交通枢纽项目为例简要介绍建筑3D打印技术的应用情况。

1.重庆来福士广场项目

1）项目概况

重庆来福士广场项目位于重庆核心地段朝天门广场与解放碑之间，总占地面积约为91782m^2，总建筑面积约为112.3万m^2，由8栋超高层塔楼，6层商业裙房和3

层地下室组成，是集大型购物中心、高端住宅、办公楼、服务公寓和酒店于一体的城市综合体项目。

2）应用情况

应用于重庆来福士广场项目（图9.1.4-1）。

图9.1.4-1　重庆来福士广场3D打印模型图

2.重庆沙坪坝站铁路综合交通枢纽项目

1）项目概况

重庆沙坪坝铁路综合交通枢纽，地下8层、地上2层，将高铁、轨道交通、道路交通和人行交通融为一体。地下的8层枢纽部分，深度达到47m，面积28万m²，相当于39个标准足球场。枢纽部分每层皆具有不同交通功能并且相互有机衔接，所有交通工具都将在地下运行，换乘最长距离不超过200m。作为全国首例高铁车站加盖城市综合体开发的案例，工程在5.4万m²的上盖部分，布置了6栋超高层建筑和商业楼群，其中，"双子塔"楼高180m。

2）应用情况

应用于重庆沙坪坝站铁路综合交通枢纽项目（图9.1.4-2）。

图9.1.4-2   3D打印模拟机电泵房施工过程图

9.2 基于智能化的装配式建筑产品生产与施工管理信息技术

基于智能化的装配式建筑产品生产与施工管理信息技术，是在装配式建筑产品生产和施工过程中，应用BIM、物联网、云计算、工业互联网、移动互联网等信息化技术，实现装配式建筑的工厂化生产、装配化施工、信息化管理。通过对装配式建筑产品生产过程中的深化设计、材料管理、产品制造环节进行管控，以及对施工过程中的产品进场管理、现场堆场管理、施工预拼装管理环节进行管控，实现生产过程和施工过程的信息共享，确保生产环节的产品质量和施工环节的效率，提高装配式建筑产品生产和施工管理的水平。

9.2.1 技术内容

1）建立协同工作机制，明确协同工作流程和成果交付内容，并建立与之相适应的生产、施工全过程管理信息平台，实现跨部门、跨阶段的信息共享（图9.2.1-1）。

2）深化设计。依据设计图纸结合生产制造要求建立深化设计模型，并将模型交付给制造环节。

3）材料管理。利用物联网条码技术对物料进行统一标识，通过对材料"收、发、存、领、用、退"全过程的管理，实现可视化的仓储堆垛管理和多维度的质量追溯管理。

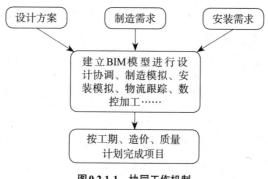

图9.2.1-1 协同工作机制

4）产品制造。统一人员、工序、设备等编码，按产品类型建立自动化生产线，对设备进行联网管理，能按工艺参数执行制造工艺，并反馈生产状态，实现生产状态的可视化管理。

5）产品进场管理。利用物联网条码技术可实现产品质量的全过程追溯，可在BIM模型当中按产品批次查看产品进场进度，实现可视化管理。

6）现场堆场管理。利用物联网条码技术对产品进行统一标识，合理利用现场堆场空间，实现产品堆垛管理的可视化。

7）施工预拼装管理。利用BIM技术对产品进行预拼装模拟，减少并纠正拼装误差，提高装配效率（图9.2.1-2）。

（a）　　　　　　　　　　　　　　　　（b）

图9.2.1-2 BIM拼装模拟

9.2.2 技术指标

1）管理信息平台能对深化设计、材料管理、生产工序的情况进行集中管控，能在施工环节中利用生产环节的相关信息对产品生产质量进行监管，并能通过施工预拼装管理提高施工装配效率。

2）在深化设计环节按照各专业（例如预制混凝土、钢结构等）深化设计标准（要求）统一产品编码，采用专业深化设计软件开展深化设计工作，达到生产要求的设计深度，并向下游交付。

3）在材料管理环节按照各专业（例如预制混凝土、钢结构等）物料分类标准（要求）统一物料编码。进行材料"收、发、存、领、用、退"全过程信息化管理，应用物联网条码、RFID条码等技术绑定材料和仓库库位，采用扫描枪、手机等移动设备实现现场条码信息的采集，依据材料仓库仿真地图实现材料堆垛可视化管理，通过对材料的生产厂家、尺寸外观、规格型号等多维度信息的管理，实现质量控制的可追溯。

4）在产品制造环节按照各专业（例如预制混凝土、钢结构等）生产标准（要求）统一人员、工序、设备等编码。制造厂应用工业互联网建立网络传输体系，能支持到工序层级的设备层面，实现自动化的生产制造。

5）采用BIM技术、计算机辅助工艺规划（CAPP）、工艺路线仿真等工具制作工艺文件，并能将工艺参数通过制造厂工业物联网体系传输给对应设备（例如将切割程序传输给切割设备）（图9.2.2-1），各工序的生产状态可通过人员报工、条码扫描或设备自动采集等手段进行采集上传。

6）在产品进场管理环节应用物联网技术，采用扫描枪、手机等移动设备扫描产品条码、RFID条码，将产品信息自动传输到管理信息平台，进行产品质量的可

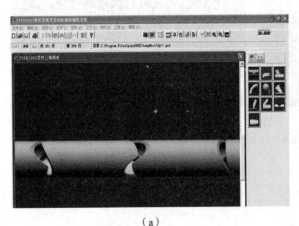

（a）　　　　　　　　　　　　　（b）

图9.2.2-1　数字化数控加工

追溯管理。并可按照施工安装计划在BIM模型中直观查看各批次产品的进场状态，对项目进度进行管控。

7）在现场堆场管理环节应用物联网条码、RFID条码等技术绑定产品信息和产品库位信息，采用扫描枪、手机等移动设备实现现场条码信息的采集，依据产品仓库仿真地图实现产品堆垛可视化管理，合理组织利用现场堆场空间。

8）在施工预拼装管理环节采用BIM技术对需要预拼装的产品进行虚拟预拼装分析，通过模型或者输出报表等方式查看拼装误差，在地面完成偏差调整，降低预拼装成本，提高装配效率。

9）可采取云部署的方式，提高信息资源的利用率，降低信息资源的使用成本。

10）应具备与相关信息系统集成的能力。

9.2.3 适用范围

适用于装配式建筑产品（例如钢结构、预制混凝土、木结构等）生产过程中的深化设计、材料管理、产品制造环节，以及施工过程中的产品进场管理、现场堆场管理、施工预拼装管理环节。

9.2.4 工程案例

垫江县三合湖文化活动中心及管廊监控中心项目、复地·公园和光项目、长江生态环境学院项目、国瑞重庆外滩项目等多项工程中应用装配式建筑产品生产与施工管理信息技术。下面以垫江县三合湖文化活动中心及管廊监控中心项目、复地·公园和光项目为例简要介绍智能化的装配式建筑产品生产与施工管理信息技术的应用情况。

1.垫江县三合湖文化活动中心及管廊监控中心项目

1）项目概况

垫江县三合湖文化活动中心及管廊监控中心项目总建筑面积6800m²，含公共建筑、门卫室、地下车库等配套附属建筑工程；垫江县三合湖文化活动中心项目用地呈不规则状，东西最长约200m，南北最长约160m，用地面积约为3.08万m²。主要由2栋地上2层的辅楼、1栋地上2层地下1层的主楼，共计3栋建筑组成。

2）应用情况

（1）采用了BIM正向设计的方式，通过自主开发的Revit插件快速进行装配式楼板深化，在构件生产时将BIM模型转换为预制加工模型并对加工模型构件编号，导出加工参数表、构件二维码，出具CAD深化图纸，实现钢结构构件的数字化加工，为构件追溯提供支撑。提高构件加工精度，降低成本、提高工作效率。

（2）项目通过BIM管理平台，将施工进度计划设置后排布待施工区域构件需求，工厂通过平台获取需求后排布生产清单，构件入场后通过平台检验该批次构件的数量、位置是否正确、有无检验清单等。

（3）BIM项目管理平台与BIM模型挂接，通过手机APP、构件二维码等形式进行追溯，实现钢结构及装配式构件的生产、运输、安装全生命周期信息集成及追溯。

2.复地·公园和光项目

1）项目概况

复地·公园和光项目位于重庆市两江新区核心区域中央公园板块，C86-1/04地块建设用地面积19614m²，总建筑面积66328.23m²，其中地上面积49031.29m²，地下建筑面积17296.94m²；C87-1/04建设用地面积16819m²，总建筑面积59108.25m²，其中地上建筑面积42043.78m²，地下建筑面积17064.47m²。内隔墙选用硅酸钙板聚苯乙烯颗粒夹芯复合条板，非砌筑比例≥50%，楼板选用叠合楼板，预制装配式楼板应用面积比例≥60%。

2）应用情况

（1）工程预制构件采用BIM技术进行深化设计，生成项目深化图纸、下料清单，达到生产要求的设计深度。采用BIM进行拼装模拟施工工况，确保现场顺利施工。

（2）基于管理信息平台对预制构件的生产工序、质检情况、运输进程以及现场安装及验收全过程信息化管理。应用二维码通过手机APP实现构件信息的采集和更新。

第10章

物联网建造技术

10.1 建筑机器人技术

建筑机器人技术是指运用信息化手段利用机器人替代工程作业人员进行各类施工作业的技术，建筑机器人是其核心部件，一般由七个部分组成：机械本体、感知系统、驱动系统、运动控制系统、智能决策系统、导航定位系统、人机交互系统。建筑机器人可以是工业机器人类型，也可以是服务机器人类型。广义上看，可以为软件形态建筑机器人（偏重管理与决策、演示与展示、虚拟空间交互等功能，例如数据智能决策机器人、虚拟数字机器人等），也可以是硬件形态建筑机器人（软硬件一体）两大类。常见的建筑机器人有抹灰机器人、砌筑机器人、幕墙安装机器人、地坪涂料机器人、地面清洁机器人、地坪研磨机器人及智能随动混凝土布料机器人等。

10.1.1 技术内容

1) 建筑信息模型数据与机器人运动控制的智能算法。以BIM技术为手段，通过与各种建筑机器人工业软件结合，打通建筑语言与工业语言的壁垒，同时集成的数字化表达方式（BIM）是实现施工现场数字化管理的重要抓手，再结合物联网、AI等技术，在建设工程及设施全生命周期内，对其物理和功能特性进行数字化表达与集成。

2) 采用简单、快速、易用的人机交互系统，通过融合计算机技术与机器人技术实现建筑的"设计——建造"一体化。从前端测量到混凝土工程、砌筑工程、抹灰工程、幕墙工程施工，再到室内装修，以及后端的清扫清洁，机器人能实现不同工序现场的不同施工。目前技术较成熟的抹灰机器人在建筑工地的实地作业效率已稳定在人工作业效率的5~6倍，钢筋机器人用于建筑现场施工的钢筋裁剪定型，其效率也优于人工作业。

3）建筑机器人可替代工程作业人员进行各类施工作业。例如可利用建筑机器人实现高空砌筑、焊接、安装作业及紧急救援作业等危险性较大的施工现场作业，既可保障工程一线作业人员人身安全，又能解放出更多劳动力从事更具创造价值的工作。

4）建筑机器人智能化的实现。建筑机器人的智能化程度可通过八大核心系统（伺服系统、传感器、控制器、轮系单元、AI路径规划、导航系统、机器视觉、机器人管理软件）来实现。

10.1.2 技术指标

1.应用指标

1）智能感知与决策。各类建筑板材的安装、钢筋加工处理和现场施工，包括基地墙面顶棚的处理，管道的检测，关键技术上人机协作控制，智能感知与决策的技术结构，非稳定基础的精确作业，高空存在一些晃动，在晃动中还要实现精确的定位操作。

2）传感系统。感受系统由内部传感器模块和外部传感器模块组成，用以获取内部和外部环境状态中有意义的信息。智能传感器的使用提高了机器人的机动性、适应性和智能化的水准。对于一些特殊的信息，传感器比人类的感受系统更有效。

3）位置检测。旋转光学编码器是最常用的位置反馈装置。光电探测器把光脉冲转化成二进制波形。轴的转角通过计算脉冲数得到，转动方向由两个方波信号的相对相位决定。感应同步器输出两个模拟信号，轴转角的正弦信号和余弦信号。轴的转角由这两个信号的相对幅值计算得到。感应同步器一般比编码器可靠，但它的分辨率较低。电位计是最直接的位置检测形式，它连接在电桥中，能够产生与轴转角成正比的电压信号。转速计能够输出与轴的转速成正比的模拟信号。如果没有速度传感器，可以通过对检测到的位置相对于时间的差分得到速度反馈信号。

4）导航系统。建筑机器人导航系统可将工程图纸、建筑BIM模型与物理施工现场进行空间耦合，并通过激光定位系统对机器人进行路径规划和导航。

5）图形化交互系统。工人无须掌握机器人编程语言便可对机器人进行控制。通过数字化施工方法使阅读图纸变得更为简单，避免误操作，保证了施工的效率和准确性。

6）安全技术指标。①产品四周应安装接触式防护装置，触发后应立即停止运动，并有明显区别于正常信号的声光报警提示，接触式防护装置的最大触发力不应超过22N；②能够提前感知前进方向至少200mm以外的障碍物（障碍物高度不低于200mm），有明显区别于正常信号的声光报警提示并停止工作；③障碍物移除至少2s后，产品自动恢复工作。

2.机器人参数指标

1）抹灰机器人

（1）抹灰面层要求垂直度为5mm，平整度为4mm，阴阳角垂直允许偏差4mm。且抹灰面层宜无裂纹、无空鼓、无起砂等现象。

（2）砂浆智能识别功能：对所有墙面抹灰（简称抹墙）的各种砂浆进行智能识别，针对不同的砂浆自动调节不同的运行参数。对所有砂浆，都能按砂浆施工要求施工，并达到施工质量标准。

（3）抹墙高度自动识别功能：抹墙高度要求，标准型2～3.5m，非标型3～8m（订制），所有抹墙高度不用拆装和加装机构，机器自动识别。

（4）门窗识别功能：在抹墙运行中如遇门或窗，机器自动识别出门窗。

（5）自动控制送浆功能：根据抹灰厚度和墙面凹凸的状态，机器会自动控制、调节送砂浆出浆的速度，达到抹出高质量的墙面。

（6）机身自动稳定功能：本机每到一个施工点，按下启动键，机器会根据地面状态，自动稳定机身，机器抹墙运行平稳可靠。

2）砌筑机器人

（1）五个自由度夹取30kg重物，准确砌筑。

（2）前后驱动，原地转向，无须转弯掉头。

（3）自我抄平、锚固、行稳，满足不同工况作业需求。

（4）自行更换工位，连续砌筑，兼容砌筑顶皮和安过梁。

（5）水平灰缝抹浆、竖直灰缝填浆。

（6）六项算法满足各种填充墙、承重墙砌筑。

（7）精准定位，实现复杂环境作业。

（8）施工现场快速移动与越障技术能适应施工现场楼地面凹凸不平等不利条件，能方便进出施工现场门洞口，能快速移动或者越过障碍到达砌筑部分。

（9）构建物联网系统，实现远程监控和管理。

3）幕墙安装机器人

（1）移动本体最大承载能力达1500kg，重量约为350kg，工作半径为1.3m，最大吸取重量为50kg，安装时通过人机协作的方式简化安装步骤和减少人力成本。

（2）可根据玻璃尺寸加装加长杆适应不同的玻璃尺寸（方便快捷，提高玻璃搬运和安装效率）加长杆尺寸（标准）500mm，吸盘可根据不同形状的玻璃任意组合。

（3）其前部摇头可进行360°旋转，以利于通过门等窄小空间，而其机身高度可升高至2.8m。

（4）机器人运行速度可控制，并有安全保护措施。

（5）具有稳定和稳固性，使板块在垂直运输和吊装过程中减小摆动。

（6）具有设置防止板块坠落的保护设施以及行程开关。

4）地坪涂料机器人

（1）涂敷质量应符合现行规范《建筑地面工程施工质量验收规范》GB 50209—2010中的相关规定。

（2）能持续爬坡的最大角度应不小于10°。

（3）能越过障碍物的最大高度应不小于30mm。

（4）能越过沟缝的最大宽度应不小于50mm。

（5）制动距离应不超过200mm。

（6）具备导航功能的，其重复轨迹、重复位置、绝对轨迹、绝对位置精度为 ±50mm。

（7）正常状态下运行时对外最大发射声压级应不大于80dB（A）。

5）地面清洁机器人

（1）可清除混凝土碎块、灰尘、钢钉、铁屑等物体，最大清洁粒度应不小于30mm。

（2）导航定位精度应达到以下精度要求：绝对轨迹精度（室内 ±50mm、室外 ±70mm）；绝对位置精度（室内 ±40mm、室外 ±60mm）；重复位置精度（室内 ±30mm、室外 ±50mm）。

（3）能持续爬坡的最大角度应不小于10°。

（4）能越过障碍物的最大高度应不小于10mm。

（5）能越过沟缝的最大宽度应不小于25mm。

（6）制动距离应不超过200mm。

（7）正常状态下运行时对外最大发射声压级应不大于80dB（A）。

6）地坪研磨机器人

（1）产品研磨效率应满足：粗磨≥75m²/h，被研磨的地面强度为C20～C30；细磨≥100m²/h；抛光≥120m²/h。

（2）产品应具备定位导航功能，其重复轨迹、重复位置、绝对轨迹、绝对位置精度为±50mm。

（3）能持续爬坡的最大角度应不小于10°。

（4）能越过障碍物的最大高度应不小于10mm。

（5）能越过沟缝的最大宽度应不小于25mm。

（6）制动距离应不超过200mm。

7）智能随动混凝土布料机器人

（1）智能随动工作时，在5m移动范围内直线度误差应不超过10%，当出现偏差时应能自动纠正。

（2）混凝土出料软管末端出口处的最大水平移动线速度应不大于0.4m/s。

（3）在1.2倍自重、1.3倍工作荷载及在布料软管末端处施加300N侧向力的组合荷载下，结构构件材料应力不超过其许用应力，强度安全系数不低于1.34，材料许用应力为$\sigma_s/1.34$（σ_s——钢材的屈服点）。

（4）布料机器人在任意工作位置，空载和满载情况下，出料管末端出口高度差不应超过1100mm。

（5）首次故障前工作时间不应少于60h，平均无故障工作时间应不少于80h。

10.1.3　适用范围

适用于抹灰、砌筑、幕墙安装、地坪涂料、地面清洁、地坪研磨及混凝土布料等作业。

10.1.4　工程案例

苏州星光耀商住公寓楼项目、佛山市凤桐花园项目、龙游县公共文化服务中心项目、海宝冶广州工贸学院项目等多项工程中应用建筑机器人技术。下面以苏州星光耀商住公寓楼项目、佛山市凤桐花园项目、龙游县公共文化服务中心项目为例简要介绍建筑机器人技术的应用情况。

1.苏州星光耀商住公寓楼项目

1）项目概况

苏州星光耀商住公寓楼项目位于苏州市金阊新城虎池路与金筑街交会处，总建筑面积16万m^2，由中亿丰建设集团股份有限公司负责施工。项目由6座高层（21F）单体组成，除2号楼外，1号楼和3号~6号楼的内外墙体均采用蒸压轻质混凝土（Autoclaved Lightweight Concrete，简称ALC）砌块现场砌筑（图10.1.4-1），项目使用的砌块规格等级为A5.0B06级，总使用量约2.5万m^3，砌筑施工人工费约580万元人民币。

2）应用情况

苏州星光耀商住公寓楼项目1号楼的在建楼层（16F~21F）开展了砌筑机器人"On-site"砌筑施工试点（图10.1.4-1），并选择相邻的结构、体量完全一致，采取传统全人工砌筑的3号楼作为对比参照。试点工程砌体施工基本情况：1号楼和3号楼相同，单层砌体砌筑量约210m^3，采用600mm×200mm×240mm规格、等级为A5.0B06的砂加气砌块，平均块重24~26kg。砌体结构主要为内部隔墙、窗台/空调围护和风井道、楼梯间围护。砌体施工时，按照构造要求以及根据规范留置构造柱、过梁、圈梁，每两皮设置通长拉结筋。

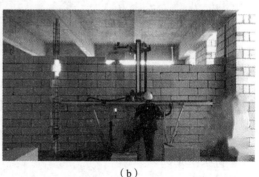
（a）　　　　　　　　　　　　　　　（b）

图10.1.4-1　砌筑机器人班组施工场景

2.佛山市凤桐花园项目

1）项目概况

佛山市凤桐花园项目位于广东省佛山市顺德机器人谷，总用地面积41966m^2，总建筑面积137617m²，共8栋17～32层高层建筑，最大建筑高度98.35m，分两期建设，其中住宅面积104196m²、商业面积33421m²。

2）应用情况

（1）为更好地发挥建筑机器人的优势，前期与设计单位深度协同，机器人产品参数数据同步，在结构设计的预留预埋、高精度地面的标高体系变更、荷载校核、通过性审核、降板优化等方面的工作，机器人提高了施工效率和覆盖率。项目从设计阶段就启用BIM正向设计，投标阶段就导入机器人施工的一些特殊要求，为机器人导航系统提供BIM模型信息，并作了适配性的设计优化（图10.1.4-2）。

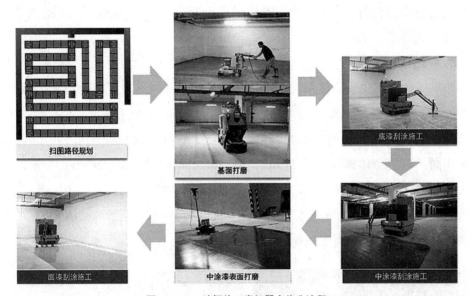

图10.1.4-2 地坪施工类机器人作业流程

（2）产品应用团队完成了建筑机器人从个体试验到成规模、成体系穿插作业的验证。相较于传统的施工流程，建筑机器人需要做好适配的施工策划、智慧工地管控系统及自动计划排程系统的导入，更好地发挥机器人施工效率高、工序配合更紧密等高效作业优势。

（3）目前在佛山市凤桐花园项目成规模商用机器人有18款，总计投入工地试用的机器人达46款，主要体现在以下方面。

①混凝土施工产品组合。施工面积：智能布料机机器人完成63955m²；整平机器人完成249337m²；抹平机器人完成27904m²；地库抹光机器人完成9040m²。

②混凝土修整产品组合。螺杆洞封堵机器人完成101040个螺杆洞封堵，混凝

土天花打磨机器人完成110971m²，混凝土内墙面打磨机器人完成42477m²。

③墙面施工类产品组合。室内喷涂机器人作业面积超25万m²，腻子涂敷打磨机器人完成13万m²，地下车库喷涂机器人完成6.6万m²，墙纸铺贴机器人完成超1.2万m²。

④外墙施工类产品组合。外墙施工类产品可作业于山墙面、窗洞口、异形面和保温板面。目前施工面积达32459m²。

⑤地坪施工产品组合。目前地坪研磨施工面积23186.3m²，地坪漆施工面积超4000m²。地下车库划线机器人施工长度超1200m。三款产品已完工项目13个，施工中项目19个。

3.龙游县公共文化服务中心项目

1）项目概况

龙游县公共文化服务中心项目位于龙游县城东中央生态廊道中段，总用地面积约14.04公顷。整个项目拟建7个单体以及相应的室外配套工程和地下管廊，总建筑面积230201.89m²，其中地上总建筑面积135011.39m²，地下总建筑面积约95190.50m²。项目钢结构主要为十字柱、箱型柱和H型钢梁，材质基本为Q355B，总用钢量约7500t。

2）应用情况

（1）机器人智能建造技术创新。研发了H型钢智能自动化生产线设备和钢结构制造智能管理平台，可实现从钢板到钢构件的连续自动化加工。研发的建筑钢结构设计——制造数据处理系统，采集钢结构深化设计端的BIM数据，并生成钢构件排产和加工数据流，上传至管理平台，通过数据处理与监视控制系统实现H型钢生产线的数字孪生体与物理实体设备之间的馈控链接，将管理平台上的加工数据精准下发至生产线各设备并驱动其有序工作，实现整条生产线智能化运行。

（2）全生产过程数据实时馈控。在生产过程中，以钢结构制造智能管理平台为中心进行数据管理，同时依托边缘计算技术开发的数据处理与监视控制系统（图10.1.4-3），实现H型钢生产线设备数据采集、动态管理和大屏数据展示。打通了车间数据，优化资源配置和生产过程，实现车间执行、控制过程的科学管理。

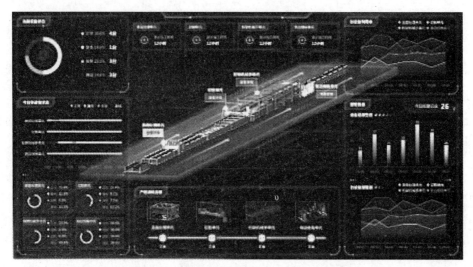

图10.1.4-3　型钢加工数据处理与监视控制系统图

10.2 基于BIM的结构健康监测系统

基于BIM的结构健康监测系统是指针对工程结构长期服役安全的需求，建立一种基于信息化应用的状态监测、特征识别和状态评估的自动化系统，为结构的管理和养护提供决策支撑。利用BIM技术高度可视化、协同性和参数化的特点将结构健康监测从传统离线、静态、异步的人工检测方法转变为在线、动态、同步的智能化监测技术。BIM技术和结构健康监测系统的深度融合有以下优势：①采用BIM技术可将监测系统和结构信息整合到一个完整的建筑信息模型中，以直观监测整个建筑的实时性态，当出现突发事件时，系统可通过监测数据与案例数据库、知识数据库的数据关联，在预案数据库中匹配相应的处置方案，辅助事件的处置工作；②可根据工程的施工进度，在基于BIM平台的建筑信息模型中添加健康监测系统的信息，以确保建筑信息模型中的监测设备的布置位置的准确性；③可通过数据接口将建筑整体安全性态以及外部环境信息方面的数据读入到建筑信息模型中，根据建筑的整体安全性态所处的安全等级，以对应预警颜色直观显示建筑的整体安全性态。

BIM技术在结构健康监测中向着更加细化和数据化的方向发展，其中结构病害的BIM精确展示能将结构检测的结果直观体现，将作为结构健康监测结果的对照，为基于监测数据的结构状态评估提供依据，同时利用BIM强大的数据处理能力，对收集到的数据信息进行处理和分析，实现了结构监测的数据化处理、信息化管理。

10.2.1 技术内容

基于BIM的结构健康监测系统可实现如下功能。

1.结构健康监测可视化

结构健康监测信息的可视化是指通过应用计算机图像处理技术，将原始抽象的监测信息分离出来，使数据转化到能够进行直观分析且规律的图表中，以此提高信息交互处理的效率。引入BIM技术，利用其可视化和协同化的优势能够有效解决建筑结构监测中数据信息量大、人工分析数据耗时的缺陷，从而提高建筑结构健康监测与建筑信息模型应用的效率。通过构建建筑结构健康监测与建筑信息模型，建立一个基于工程实际的建筑结构监测管理系统，不仅能提升建筑生命周期模型的利用效率，实现建筑模型的可视化动态监测，还能提高建筑施工现场安全监测与预警效率，为搭建结构健康监测预警平台创造良好的条件。

2.结构健康监测信息管理

在大型结构的健康监测中，需要对不同类型传感器采集到的大量数据信息进行处理，BIM技术的采用可实现多维度数据分析方法，能够及时发现结构存在的缺陷与质量衰变，同时利用BIM强大的数据处理能力，对收集到的数据信息进行处理和分析，实现了结构监测的数据化处理、信息化管理，为后续工作提供良好的条件。

3.结构健康监测预警体系

结构健康监测预警模块包括预警设置和预警管理这两部分，BIM技术的成功融入为结构健康监测提供了可靠、高效的安全评估方法，能有效提高对建筑数据的监测管理效率。其中，预警设置是通过形状显示、颜色高亮显示等方式联动查看预警数据和预警BIM模型，设置建筑监测的曲线、时间，有利于建筑预警的快速构建。通过短信、微信、邮件等传播形式将建筑的预警信息及时发送给现场负责人，及时规避与防范风险。预警管理是借助BIM技术来建立安全预警管理系统，对建筑中可能产生的非健康因素进行监测和分析，及时采取相应的防范措施，避免"危险因子"的出现，从而保障工程安全。与此同时，预警管理系统还可以根据实际情况，增强预警设置内容的科学性和可操作性，定期开展对工作人员的培训教育，提升员工操作预警系统的水平。

10.2.2 技术指标

1.应用技术指标

1）结构信息模型。BIM结构信息模型的精细度应符合现行国家标准《建筑信息模型设计交付标准》GB/T 51301—2018的相关要求。其中，BIM模型精细度等级不宜低于LOD1.0；对于细部结构的监测，例如钢筋的应变监测等，其BIM模型精细度等级不宜低于LOD3.0。

2）系统功能。结构健康监测系统功能应全面，其软硬件功能覆盖广、可扩展性强，系统自动化、集成化和网络化程度高，能实现实时在线和远程监测。系统具备可靠的传感能力，确保运行可靠，精准的数据监测，同时支撑实时数据传递，以便对应变信息及时发出警报。系统支持多层次数据实时相加，确保多维度应变信息精准获取。

3）传感器。结构监测系统中，应根据不同监测参数选择相应的传感器，根据项目的具体要求和现场运用条件，综合考虑"监测信息全面、信号质量稳定和经济合理"等因素来选取传感器的种类和数量，同时还应考虑传感器布置及传感器类型和相应监测参数。

4）数据采集与处理。用于结构健康数据采集的设备（硬件和软件）要与传感器相匹配，并能满足被测物理量的要求；数据的处理应考虑对含噪信号进行适当的降噪处理，提高信号的信噪比；数据分析之前，同时考虑测试数据中的粗差、系统误差、偶然误差等进行处理。

5）数据传输。数据传输系统应具有数据接收、处理、交换和传输的能力，保证数据传输的可靠性、高效性及传输质量和完整性等。

6）结构健康监测系统应具有监测设备管理、监测信息管理、结构模型信息管理、评估分析信息管理、数据存储管理、用户管理、安全管理及预警管理等功能。

7）健康评估。结构健康评估按照数据收集、数据预处理、模态参数识别、结构损伤计算与识别、结构健康评估等程序进行。

2.系统技术指标

1）传感器

（1）电阻应变计的传感器的测量片和补偿片应选用同一规格同批号的产品。电阻应变计和裸露焊点应采用绝缘胶保护；测点的连接应采用屏蔽电缆，导线的对地绝缘电阻值应在500MΩ以上；电缆屏蔽线应与被测物绝缘；测量和补偿所用的连接电缆的长度和线径应相同；电阻应变片及电缆的系统绝缘电阻不应低于200MΩ。

（2）钢弦式应变计应按被测对象规格大小选择。仪器的可测频率范围应大于被测对象在最大加载时频率的1.2倍；频率仪的分辨率应大于或等于1Hz。

（3）结构健康监测所用的光纤光栅的性能参数应满足下列要求：

①光纤光栅应进行退火处理，以保证其长期稳定性。

②光纤光栅反射光3dB带宽应低于0.25nm。

③光纤光栅反射率应大于90%。

④边模抑制比应高于15dB。

⑤对于0.25nm的带宽光纤光栅的物理长度宜为10mm。

⑥光纤光栅阵列波长间隔应大于3nm。

⑦厂商所标出的传感器中心波长误差应控制在±0.5nm之内。

（4）结构健康监测所用的光纤光栅解调设备的选型应符合下列规定：

①对于静态测量，波长测量精度应小于3pm，重复性应小于5pm，波长年漂移量应低于30pm。

②对于动态测量，波长测量精度应小于5pm，重复性应小于10pm，波长年漂移量应低于60pm。

2）数据采集

（1）采集设备不应设置在潮湿、有静电和磁场环境之中，信号采集仪应有不间断电源保证。

（2）数据的采样频率应能反映被监测结构的行为和状态，并满足结构健康监测数据的应用条件。对于动力信号，数据的采样频率应在被测物理量预估最高频率的5倍以上。

3）数据传输

（1）数据传输系统设计，应保证数据传输的可靠性、高效性和数据传输质量。

（2）数据采集子站应至少保存最近7天的监测数据作备份。

（3）应根据系统前端传感器单位时间采集的数据大小，结合设计的传输实际通信能力，对数据进行分包处理，以包为单位实时传输。

（4）数据传输系统中应设计校验机制在传送和接收两方对数据进行确认。

4）数据存储和管理

（1）数据库系统在使用时应支持在线实时数据处理分析、离线数据处理分析以及两种工作方式的混合模式。

（2）结构健康监测系统涉及的数据库功能应包括监测设备管理、监测信息管理、结构模型信息管理、评估分析信息管理、数据转储管理、用户管理、安全管理以及预警信息管理等方面。

（3）监测设备管理应包括传感器和采集设备（包括采集子站和总站）的添加、更换、状态查询以及故障检测等功能。传感器设备宜按监测信息内容和功能进行分类管理。

（4）监测信息管理应包括监测信息的自动导入、图形或文件形式导出数据、历史监测信息的查询，并宜具备监测信息的可视化功能。

（5）结构模型信息管理应提供结构的基本参数和评估分析所需要的计算机数值模型。

（6）评估分析信息管理应提供评估准则保存评估结果并供查询统计。

（7）数据转储管理应支持海量数据的归档以及相应的元数据管理。归档的数据可以存储在大容量存储设备中并应支持使用时的可访问性。

（8）用户管理应支持用户权限的定义和分配功能。系统根据用户的权限来操作不同模块，提供基于角色的用户组管理、用户授权、注册账号和认证管理等。

（9）系统安全管理应提供系统运行环境的网络安全管理和安全保护、数据库的容灾备份机制、敏感信息标记以及用户使用日志审计等功能。数据库系统安全管理应有相应的硬件、软件和人员来支持。

（10）系统应具备预警信息处理功能，并能将各种预警信息以电子邮件和短信等形式通知相关人员。

（11）数据装载应包括数据的筛选、输入、校验、转换和综合等主要步骤。

（12）结构监测数据和分析数据的精度应满足监测目的，并根据结构特性、监测内容确定。

（13）查询的响应级别应为秒级，分析结果及可视化等方面应能满足实际使用的要求。

10.2.3 适用范围

适用于建筑结构内力、位移、应变、裂缝、沉降、倾斜、温度、频率、振幅、地震烈度、动态平衡和人体舒适指数等的实时监测。

10.2.4 工程案例

上海中心大厦、重庆市人民大礼堂、合肥生命线桥梁监测项目、山西省平遥县平遥文庙等多项工程中应用BIM结构健康监测系统。下面以上海中心大厦、重庆市人民大礼堂、合肥生命线桥梁监测项目为例简要介绍结构健康监测系统的应用情况。

1.上海中心大厦

1）项目概况

上海中心大厦是上海市的一座超高层地标式摩天大楼，其设计高度超过附近的上海环球金融中心。上海中心大厦项目建筑面积433954m²，建筑主体为118层，总高为632m，结构高度为580m。

2）应用情况

（1）上海中心大厦工程规模庞大，采用BIM技术，将监测系统和结构信息整合到一个完整的建筑信息模型中，直观监测整个大厦的实时性态。

（2）根据工程的施工进度，在基于BIM平台的建筑信息模型中添加健康监测系统的信息，确保建筑信息模型中的监测设备的布置位置的准确性。

（3）建筑信息模型通过数据接口将大厦整体安全性态以及外部环境信息方面的数据读入到建筑信息模型中，然后根据大厦的整体安全性态所处的安全等级，以对应预警颜色直观显示大厦的整体安全性态。当外部环境对大厦的安全十分不利或者大厦自身重要构件失效时，会进行相应的预警响应。

2.重庆市人民大礼堂

1）项目概况

重庆市人民大礼堂中心礼堂位于重庆市渝中区，工程1951年开始修建，1954

年完工，现已使用了65年，外形为典型的民族建筑物，它是重庆市标志建筑之一。中心礼堂为圆形，混合结构，由钢筋混凝土独立柱基、钢筋混凝土钢架、黏土砖墙体、半球形的钢架穹顶、木屋架和琉璃瓦屋面等构成，建筑物总高为48.779m，其中钢筋混凝土钢架高13.725m，钢网架穹顶矢高24.346m，中心附加木屋架（包括宝顶）高10.708m；穹顶半径为23.866m；建筑面积约为8300m²。

2）应用情况

（1）对监测对象建立项目的BIM模型，通过建立三维建筑模型表现建筑各项信息，并通过数字信息仿真模拟建筑物具有的真实信息。

（2）通过超声波原理测风，NTC负温度系数热敏电阻原理测量温度，电容原理测量相对湿度，MEMS原理测量气压，热电堆原理测量总辐射，雷达原理测量降水，无线电波发射原理闪电探测。

（3）利用沉降传感器、振弦式应变计、MEMS重力加速度传感器、裂缝计等传感器对建筑的多项健康参数进行实时监控以及预警。

3.合肥生命线桥梁监测项目

1）项目概况

合肥市城市生命线工程安全运行监测项目（简称"生命线监测项目"）完成了一个中心和三个前端专项系统的建设。一个中心即是城市生命线安全运行监测中心系统。三个前端监测系统即桥梁监测专项系统、供水管网监测专项系统、燃气管网监测专项系统，覆盖了对5座试点桥梁（金寨路高架桥、繁华大道跨南淝河大桥、南淝河大桥、派河大桥、G206立交桥）、24.9km的供水管网（北二环）和2.5km的燃气管网及相邻地下空间（西一环）的监测。

2）应用情况

（1）建立桥梁结构BIM模型，主要建模内容包括桥梁上部结构、下部结构、桥面系、桥梁附属设施及桥梁周边管网等信息。根据桥梁建设图纸和桥梁现场勘察情况，使用专业三维软件按照1:1的比例制作三维数据，建立桥梁三维结构模型。通过对桥梁结构及其附属设施、关键部件、传感器设备进行精细化建模，实现桥梁结构及附属设施以及监测信息的三维展示（图10.2.4-1），为报警信息快速定位，桥梁全寿命周期管理提供支撑。

（2）桥梁健康监测系统应采用多维度数据分析方法与安全评估方法，能够及时发现桥梁结构存在的缺陷与质量衰变，并评估分析其在所处环境条件下的可能发展

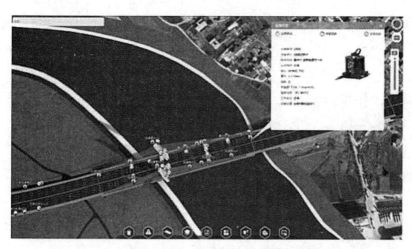

图 10.2.4-1　测点位置直观定位

势态及其对结构安全运营造成的可能潜在威胁。当桥梁出现突发事件时，系统可通过数据库及时匹配相应的处置方案，进行事件的处置。同时，系统应通过监测系统消息机制来辅助桥梁的巡检养护工作，做到日常桥梁巡检/养护问题发现到处理的全过程、全寿命周期的闭环跟踪管理。

（3）BIM与桥梁健康监测系统的结合能更加高效地把握桥梁结构的异常响应信息，并及时处置。BIM技术在桥梁健康监测中将向着更加细化和数据化的方向进行，其中桥梁病害的BIM精确展示能将桥梁检测的结果直观体现，将作为桥梁健康监测结果的对照，为基于监测数据的结构状态评估提供依据，同时利用BIM强大的信息处理能力，实现了桥梁养护的智能化管理。

10.3　基于GIS和物联网的建筑垃圾监管技术

基于GIS和物联网的建筑垃圾监管技术是指高度集成射频识别（RFID）、车牌识别（Vehicle License Plate Recognition，简称VLPR）、卫星定位系统、地理信息系统（GIS）、移动通信等技术，针对施工现场建筑垃圾进行综合监管的信息平台。该平台通过对施工现场建筑垃圾的申报、识别、计量、运输、处置、结算、统计分析等环节的信息化管理，可为过程监管及环保政策研究提供翔实的分析数据，有效推动建筑垃圾的规范化、系统化、智能化管理，全方位、多角度提升建筑垃圾管理的水平。

10.3.1 技术内容

1.申报管理

实现建筑垃圾基本信息、排放量信息和运输信息等的网上申报。

2.识别、计量管理

利用摄像头对车载建筑垃圾进行抓拍，通过与建筑垃圾基本信息比对分析，实现建筑垃圾分类识别、称重计量，自动输出二维码标签。

3.运输监管

利用卫星定位系统和GIS技术实现对建筑垃圾运输跟踪监控，确保按照申报条件中的运输路线进行运输。利用物联网传感器实现对垃圾车辆防护措施进行实时监控，确保运输途中不随意遗撒。

4.处置管理

利用摄像头对建筑垃圾倾倒过程监控（图10.3.1-1），确保垃圾倾倒在指定地点。

（a）

（b）

图10.3.1-1 摄像抓拍及分析

5.结算

对应垃圾处理中心的垃圾分类，自动产生电子结算单据，确保按时结算，并能对结算情况进行查询。

6.统计分析

通过对建筑垃圾总量、分类总量、计划量的自动统计，与实际外运量进行对比分析，防止瞒报、漏报等现象。利用多项目历史数据进行大数据分析（图10.3.1-2），找到相似类型项目建筑垃圾产生量的平均值，为后续项目的建筑垃圾管理提供参考。

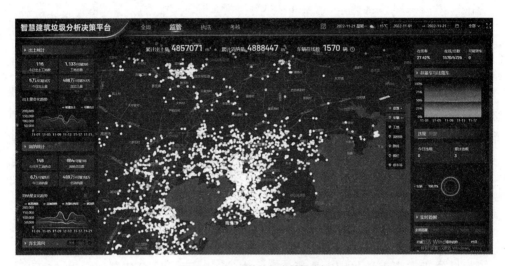

图10.3.1-2　建筑垃圾大数据分析

10.3.2　技术指标

1）车辆识别。利用车牌识别（VLPR）技术自动采集并甄别车辆牌照信息。

2）建筑垃圾分类识别。通过制卡器向射频识别（RFID）有源卡写入相应建筑垃圾类型等信息。利用项目和处理中心的地磅处阅读器自动识别目标对象并获取垃圾类型信息，摄像头抓拍建筑垃圾照片，并将垃圾类型信息和抓拍信息上传至计算机进行分析比对，确定是否放行。

3）监控管理平台。利用GIS、卫星定位系统和移动应用技术建立运输跟踪监控系统，企业总部或地方政府主管部门可建立远程监控管理平台并与运输监控系统对接，通过对运输路径、车辆定位等信息的动态化、可视化监控，实现对建筑垃圾全过程监管。

4）具备与相关系统集成的能力。

10.3.3 适用范围

适用于建筑垃圾资源化处理程度较高城市的建筑工程，桩基及基坑围护结构阶段可根据具体情况选用。

10.3.4 工程案例

重庆江北嘴国际金融中心项目、国瑞重庆外滩A11地块项目、重庆经开区通江新城中学项目、重庆经开区通江新城小学项目、长江生态文明干部学院项目等多项工程中应用GIS和物联网的建筑垃圾监管技术。下面以重庆江北嘴国际金融中心项目、国瑞重庆外滩A11地块项目为例简要介绍GIS和物联网的建筑垃圾监管技术的应用情况。

1.重庆江北嘴国际金融中心项目

1）项目概况

项目位于重庆市江北嘴中央商务区，占地2.91万m^2，总建筑面积70.56万m^2，其中地上建筑面积58.75万m^2，地下建筑面积11.81万m^2，以1+3的四栋摩天超高层规划布局，即一栋470m超高层主塔（T1号楼）与三栋超高层副塔。一期（T3、T4及地下室商业）建筑面积约32万m^2，二期建筑面积约38万m^2，场地内已通车运营地铁6号线从中穿过。

2）应用情况

（1）通过BIM对施工方案进行模拟优化，采用对称分层开挖，均匀卸荷进行施工，各个工序按照流水段穿插施工，保证各工序充分衔接，缩短轨道无保护体暴露的时间。

（2）对砌筑工程、模架支撑等专项方案进行BIM深化，利用BIM模型模拟施工过程，明确施工工艺要点及质量要求，通过动画形式直观、明确地对施工班组进行交底，严格管控施工质量，确保一次成优。

（3）固废垃圾信息化管理，对运送危险废物、工地废物、废弃危化品的运输车辆全天候、全路线实时动态监控，并能在系统中同时对多个目标运输车辆进行跟踪、调度。系统能将车辆信息、运动轨迹、运载货物信息、车辆所属单位信息等进行实时查询和历史记录查询。

2.国瑞重庆外滩A11地块项目

1）项目概况

重庆外滩项目A11地块项目位于南岸区弹子石片区，东临腾江路，南侧及北侧均紧邻规划道路，西侧临碉堡山公园。项目占地19842.86m²，总建筑面积70053.36万m²，是集居住及配套的设备用房、地下车库（附建人防工程）、幼儿园为一体的高尚居住区。

2）应用情况

项目使用重庆新型渣土车，利用车辆出厂标配的车载智能终端接入城市建筑垃圾信息监管平台，实现"定人、定时、定点、定线、定速、定区域"6大功能，为主管部门和企业实现规范、实时、全面、智能的管理提供有力的信息支撑。城市管理部门通过建筑垃圾信息监管平台可进行工地信息、消纳场信息管理维护，并可以绘制电子围栏，避免违规倾倒，减少安全隐患和环境污染。

10.4 基于图像识别的施工现场安全风险管理技术

基于图像识别的施工现场安全风险管理技术，是在建筑工程项目建设全过程，应用视频监控以及图像识别分析系统、物联网、云计算等信息化技术，对建设过程中产生的图像、视频等音像资料进行分析和诊断，为工程项目提供实时反馈和决策建议，提高施工现场安全风险管理能力。通过搭建不安全行为以及安全风险数据库，实时获取数据并识别分析判别安全风险类型，并将报警信息推送给相关管理人员，协助管理人员开展安全生产管理，实现"事前可预警，事后可追溯"。

10.4.1 技术内容

1.不安全行为及安全风险数据库

对着装不规范、不佩戴安全帽、不遵守安全规程、违章违规作业等不安全行为，以及临边防护缺失、明火、烟雾、堆放过高等现场安全隐患数据资料进行分类整理，形成安全风险数据库。

2.实时数据获取

利用摄像头对不安全行为和安全隐患进行抓拍，并对图像进行预处理，确保图像效果。

3.图像识别

提取图像特征，与安全风险数据库中的数据进行匹配，总结出安全风险类型。

4.安全风险信息管理

将安全风险进行存档记录，在施工现场部署音响和扬声器给出报警提示，同时将相关信息通过手机APP等推送给相关管理人员进行处理。

10.4.2 技术指标

1.人员体征和姿态检测

利用视频监控的实时视频对工作人员的衣着、行为姿态进行实时识别和检测，对未佩戴安全帽、未穿着长袖长裤、未系挂安全带、未穿戴反光衣、人员聚集等危险行为实时监测和预警。

2.作业区动火规范检测和预警

行为检测系统以工作区视频流作为信息输入端，利用人员跟踪及特定行为检测等方式实时监控工作区。当检测到工作区有动火作业行为时，触发动火作业是否合法检测信号。系统收到检测信号时，利用人脸识别技术识别工作区当前工作人员信息，与工作票系统相结合，通过人员信息和工作区域反查工作票，当满足动火条件时，忽略报警，当检测到违规开展动火作业及时推送预警信息给相关管理人员。

3.主要区域无感人脸识别

通过闸道工作区视频流作为信息输入端，利用人脸识别等无感检测技术实现实时监控工作。当检测到工作区有人员经过时，会自动进行身份识别，通过记录经过人员、时间等信息，可以统计和了解经过区域人员情况。考勤和发生事情时，及时追溯相关的信息，推送预警信息给相关管理人员。还可以通过手机人脸识别技术对重要的工作进行身份确认。

4.明火及烟雾检测

通过视频监控，对监控区域内画面的火焰或烟雾进行识别、实时分析报警，同时将报警信息快照和报警视频存入数据库，可根据时间段对报警记录和报警截图、视频进行查询。

5.临边无防护识别

作业面无临边防护主要是通过对视频画面分析，对无临边防护的高作业面进行预警和广播提醒，并将报警截图和视频保存到数据库，可根据时间段对报警记录和报警截图、视频进行查询。

10.4.3 适用范围

适用于现场环境复杂，作业人数多，突发性安全事故难以取证留痕，安全管理难度大、管理成本高的建设工程。

10.4.4 工程案例

长江生态文明干部学院项目、长江生态环境学院项目、重庆经开区通江新城中学项目、重庆经开区通江新城小学项目、重庆广阳岛项目等多项工程中应用图像识别的施工现场安全风险管理技术。下面以长江生态文明干部学院项目、重庆市通江新城中、小学项目为例简要介绍图像识别的施工现场安全风险管理技术的应用情况。

1.长江生态文明干部学院项目

1）项目概况

长江生态文明干部学院位于重庆市南岸区广阳湾滨江区域，西临长江，与广阳岛东岛头隔江相望。项目占地332亩，总建筑面积11.9万 m^2，总投资17亿元，由A区（行政办公、展示）、B区（综合教学、文体）和C区（宿舍、餐厅）三大部分组成，共计38栋单体建筑，依山就势而建，是典型的山地建筑和群体建筑。

2）应用情况

在四号门岗、库房钢筋加工棚、生活区大门、安全教育场地等位置布设AI智能预警抓拍，辅助进行安全管理。通过AI蜂鸟盒子智能监控，自动抓拍现场违章行为，包括未佩戴安全帽、未穿戴反光衣等，系统自动报警并通知安全员及时进行处理。并将这些不安全行为自动识别并储存，作为团队分包安全管理问责的重要依据，提升施工人员的安全意识。

2.重庆市通江新城中、小学项目

1）项目概况

重庆市通江新城中、小学项目为重庆市南岸区公建学校民生工程，项目总投资额约12亿，是重庆市广阳湾智创生态城重点项目之一，按国内先进的国际教育理论和智慧教学标准建设，打造生态校园新范式、城校融合新范式、教育空间新范式。其中通江新城小学总建筑面积约3.4万m²，为24班规模。通江新城中学总建筑面积9.99万m²，招生规模60个班。

2）应用情况

（1）基于BIM深化附着式升降脚手架施工措施，对脚手架安全系统进行高精度模拟保障，降低施工风险。

（2）项目库房、加工区等重点区域安装视频监控，通过视频监控对该区域内的火焰或烟雾进行识别以及实时分析报警（图10.4.4-1）。

（3）通过塔式起重机监控对高空作业面的临边防护进行视频画面分析，对无临边防护的高作业面进行预警提醒，提醒信息可通过手机APP发送给相应管理人员。

图10.4.4-1　安全风险识别